Dietmar Köppe · CAQ-Datenmodell

CAQ-Datenmodell
Anwendungen in der rechnerintegrierten Produktion

Dr.-Ing. Dietmar Köppe

Bei diesem Buch handelt es sich um die Dissertation des Verfassers an der RWTH Aachen mit dem Originaltitel „Ein Datenmodell für CAQ-Anwendungen in der rechnerintegrierten Produktion".

D 82 (Diss. T.H. Aachen)

Die Deutsche Bibliothek - CIP-Einheitsaufnahme

Köppe, Dietmar:
CAQ-Datenmodell: Anwendungen in der rechnerintegrierten
Produktion / Dietmar Köppe. - Düsseldorf: VDI-Verl., 1992
   Zugl.: Aachen, Techn. Hochsch., Diss., 1991 u.d.T.: Köppe, Dietmar:
   Ein Datenmodell für CAQ-Anwendungen in der rechnerintegrierten
   Produktion

© VDI-Verlag GmbH, Düsseldorf 1992

Alle Rechte, auch das des auszugsweisen Nachdruckes, der auszugsweisen oder vollständigen photomechanischen Wiedergabe (Photokopie, Mikrokopie) und das der Übersetzung, vorbehalten.

ISBN-13: 978-3-540-62337-3   e-ISBN-13: 978-3-642-48643-2
DOI: 10.1007/978-3-642-48643-2

Geleitwort

Seit nunmehr 10 Jahren hat der Rechner auch in der Qualitätssicherung einen festen Platz als Rationalisierungs- und Automatisierungsinstrument gewonnen. Die Computerunterstützung in diesem so sensiblen Funktionsbereich eines Unternehmens weist damit gegenüber den klassischen CA-Bereichen wie z.B. Konstruktion oder Produktionsplanung einen Rückstand von beinahe 20 Jahren auf.

Erfolgversprechende Konzepte automatisierter Prüfabläufe für Wareneingang und Formen der fertigungsbegleitenden Prüfung sind heute vielfach realisiert. Während hiermit entscheidende Entwicklungsschritte in Richtung einer rechnerunterstützten Qualitätsprüfung getan wurden, fehlen immer noch belastbare Modelle für umfassende und integrierte Qualitätsinformationssysteme.

Qualitätssicherung als Querschnittsaufgabe mit einer Methodenvielfalt, die vom strategischen Marketing bis zur Felddatenanalyse, von der Beschaffungs- bis zur Vertriebsplanung reicht, wird durch isolierte Softwareapplikationen immer nur unzulänglich unterstützt. Die Existenz derartiger Funktionsmodule ist notwendige aber nicht hinreichende Voraussetzung integrierter Gesamtlösungen. Vice versa läßt sich das Leistungspotential vieler qualitätssichernder Verfahren erst effizient und umfassend nutzen, wenn diese in ebenen- und bereichsübergreifende Informationssysteme eingebunden sind.

Organisatorische und informationstechnische Regelkreismodelle sowie Konzepte für unternehmensweite Datenarchitekturen sind entscheidende Grundlagen für die Beseitigung der vorgenannten Defizite. Hier liegt ein akuter Handlungsbedarf vor, der erst allmählich hinsichtlich seiner Aktualität und Dringlichkeit richtig erkannt wurde.

In dem vorliegenden Buch wird ein Datenmodell zur Integration der Qualitätssicherung in den betrieblichen Informationsfluß der indirekten Produktionsbereiche und eine einheitliche Schnittstelle zur Integration qualitätssichernder Funktionen der operativen Ebene vorgestellt. Besondere Berücksichtigung finden dabei die Identifizierung und Darstellung qualitätsrelevanter und qualitätsbeeinflussender Eigenschaften von Produkten Produktionsmitteln und Prozessen. Die Ergebnisse der hier dargestellten Arbeiten leisten einen wichtigen Beitrag bei der Entwicklung umfassend integrierter Qualitätsinformationssysteme.

Aachen, im Juli 1991
Prof. Dr.-Ing. Dr. h.c. T. Pfeifer

Vorwort

Die vorliegende Dissertation entstand während meiner Tätigkeit als wissenschaftlicher Mitarbeiter am Fraunhofer-Institut für Produktionstechnologie in Aachen.

Herrn Professor Dr.-Ing. Dr. h.c.(BR) T. Pfeifer, dem Leiter der Abteilung Meßtechnik am oben genannten Institut und Inhaber des Lehrstuhls für Fertigungsmeßtechnik und Qualitätssicherung am Laboratorium für Werkzeugmaschinen und Betriebslehre der Rheinisch-Westfälischen Technischen Hochschule Aachen, danke ich für seine Unterstützung und großzügige Förderung, welche die Ausführung dieser Arbeit erst ermöglichten.

Für die Übernahme des Korreferates und die eingehende Durchsicht der Arbeit bin ich Herrn Prof. Dr.-Ing. Dipl.-Wirt.Ing. W. Eversheim zu besonderem Dank verpflichtet.

Viele haben mich in dieser Zeit unterstützt, durch ihre Arbeit, ihre Zeit, ihren Rat, aber auch durch ihre Ermutigung und ihren Zuspruch. Nicht immer habe ich in der notwendigen und angemessenen Form Dank gesagt. Sie alle haben zurecht das Gefühl, daß diese Arbeit ohne ihren persönlichen Beitrag nicht in dieser Form vorliegen würde, und so möchte ich ihre Namen in der in einer angemessen vorzugslosen Ordnung, der alphabetischen, nennen. Es sind:

B. Brentrup-Köppe, J. Eickholt, B. Köppe, J. Nyland, G. Orendi, D. Otto, Th. Prefi, M. Preising, J. Schulte und R. Stachelscheid

In hervorragendem Maß gilt meine Erinnerung Malte Köppe; sein Werden und Sein hat den Abschluß dieser Arbeit außerordentlich beflügelt. Jedoch wäre auch dieser Zuspruch nicht ohne meine Frau Brigitte denkbar gewesen. Bei der Erwähnung ihres Namens wird mir klar, daß ich immer noch keine Antwort auf die Frage habe, mit welchen Worten ich der eigenen Familie für die unzähligen Stunden, die ich mir gefragt oder ungefragt genommen habe, Abbitte leisten kann. Sie gab mir letzendlich die notwendige Zeit und in kritischen Phasen den erforderlichen Rückhalt.

Aachen, im Juli 1991   Dietmar Köppe

INHALTSVERZEICHNIS

1 Einleitung ... 1
1.1 Problemstellung ... 5

2 Methodisches und wirtschaftliches Umfeld der Qualitätssicherung ... 7
2.1 Historische und methodische Entwicklung der QS ... 7
2.2 Wirtschaftliche Aspekte der Qualitätssicherung ... 10
2.3 Taylor und die Folgen für CAQ-Applikationen ... 12

3 CAQ und Integration ... 14
3.1 Der erweiterte Qualitätsbegriff ... 14
3.2 Charakteristika heutiger CAQ-Systeme ... 14
3.2.1 Funktionsmodule eines CAQ-Systems ... 16
3.2.1.1 Planung der Qualitätsprüfung ... 17
3.2.1.2 Prüfauftragserstellung ... 19
3.2.1.3 Prüfausführung ... 20
3.2.1.4 Analyse und Dokumentation ... 20
3.2.2 Kategorisierung und Anwendungsbeispiele ... 22
3.2.2.1 CAQ auf dem Host-Rechner ... 22
3.2.2.2 CAQ auf dem Leitrechner ... 22
3.2.2.3 CAQ auf Personal Computern ... 23
3.3 Die Rolle der Qualitätssicherung in CIM-Modellen ... 24
3.3.1 Auslösende Faktoren und Stand der Entwicklung ... 25
3.3.2 Komponenten der rechnerintegrierten Produktion ... 26
3.3.2.1 PPS ... 27
3.3.2.2 CAD ... 30
3.3.2.3 CAP ... 31
3.3.2.4 CAM ... 32
3.3.2.5 CAQ ... 32
3.4 Produkt- und Produktionsmodell aus Sicht der Qualitätssicherung ... 34
3.4.1 Produktmodelle in technischen Informationssystemen ... 34
3.5 CAQ in der CIM-Normung ... 38
3.6 Zusammenfassung und Schlußfolgerung ... 40

4 Gestaltungsmöglichkeiten und Grenzen der Modellbildung ... 42
4.1 Systematische Anforderungen an das Modell ... 42
4.1.1 Anforderungen aus der Normenreihe DIN ISO 9000-9004 ... 42
4.1.2 ZVEI-Atlas ... 43
4.2 Externe Anforderungen an das Modell (EDIFACT) ... 46
4.3 EDV-technische Möglichkeiten des Datenaustausches ... 47

4.3.1 Kopplungsverfahren 47
4.3.2 Integrationskonzepte 49
4.4 Zur Theorie der Modellbildung 50
4.5 Vorgehensweise zur Modellierung von EDV-Applikationen 53
    4.5.1 Funktionsorientierte Gestaltungsverfahren 55
        4.5.1.1 HIPO (Hierarchy Input Process Output) 55
        4.5.1.2 Strukturierte Programmierung 56
        4.5.1.3 Programmablaufpläne nach DIN 66001 58
        4.5.1.4 PETRI-Netze 58
        4.5.1.5 SADT 61
    4.5.2 Datenorientierte Gestaltungsverfahren 62
        4.5.2.1 Hierarchisches Modell 63
        4.5.2.2 Das Netzwerk-Modell 63
        4.5.2.3 Relationales Modell 65
        4.5.2.4 Das Entity-Relationsship-Modell 70
    4.5.3 Zusammenfassung und Bewertung der Verfahren hinsichtlich der Entwicklung eines Datenmodells für CAQ-Anwendungen 71

5 Entwicklung des Datenmodells 74
5.1 Aufbau des logischen Datenmodells 74
5.2 Vorgehensweise 74
5.3 Produktdatenmodell in der Qualitätssicherung 77
    5.3.1 Datenmodell für die Erfassung der Kundenforderungen 77
        5.3.1.1 Abbilden der Kundenanforderungen 77
        5.3.1.2 Datenmodell zur Abbildung der Kundenanforderungen 78
    5.3.2 Datenmodell für die Prozeßplanung 82
        5.3.2.1 Abbilden der Ergebnisse der Entwicklung, der Konstruktion, der Arbeitsplanung und der Prüfplanung 82
        5.3.2.2 Datenmodell zur Abbildung der Entwicklungs- und der Konstruktionsergebnisse sowie der Ergebnisse der Arbeitsplanung (Prozeßplanung) 84
    5.3.3 Datenmodell für die Ablaufplanung 87
    5.3.4 Entwicklung der Gewichtungsfunktion 90
    5.3.5 Verfahren zur Bestimmung des Fehlerdurchschlupfes 92
    5.3.6 Kriterien zur Einleitung von Verbesserungsmaßnahmen 96
5.4 Produktionsdatenmodell in der Qualitätssicherung 97
    5.4.1 Aufbau eines merkmalsbezogenen Produktionsdatenmodells 97
5.5 Entwurf des Datenbankmodells 102
    5.5.1 Abbilden des Produktdatenmodells mit dem relationalen Datenbankmodell 103
    5.5.2 Abbilden des Produktionsdatenmodells mit dem relationalen Datenbankmodell 104
    5.5.3 Anwendung des Datenbankmodells auf ein präventives Verfahren der Qualitätssicherung zum Nachweis der Praktikabilität 106
        5.5.3.1 Kurzdarstellung der Methode des "Quality Function Deployment" (QFD) 106

Inhaltsverzeichnis

5.5.3.2 Anwendung des Datenmodells 107
5.6 Datenschnittstelle für die Phase der Produktrealisierung 110
    5.6.1 Analyse und Strukturierung der Datenelemente 111
    5.6.2 Definition der Struktur der Qualitätsdaten 112
    5.6.3 Datenblöcke und Qualifier 114

6 Anwendungsbeispiel 117
6.1 Implementierung der Schnittstelle für die Qualitätsdatenerfassung in einem mittleren Unternehmen des Maschinenbaus 117
    6.1.1 Rechnerintegrierte Produktion in einem repräsentativen mittelständischen Unternehmen 117
    6.1.2 Aufbau einer Protokollorganisation 120
    6.1.3 Exemplarische Implementation 122
        6.1.3.1 Einlesen der Auftragsdaten 123
        6.1.3.2 Generieren fertigungsbegleitender Meldungen 124
    6.1.4 Inbetriebnahme und Test 128

7 Zusammenfassung und Ausblick 130

8 Verzeichnisse 132
8.1 Verzeichnis der verwendeten Abkürzungen und Formelzeichen 132
8.2 Verzeichnis der Bilder 135
8.3 Verzeichnis der Literaturquellen 137

A Anhänge 148
    A-1 Datenfelder und Begriffsfindung zum Produktmodell 148
    A-2 Datenfelder und Begriffsfindung zum Produktionsdatenmodell 151
    A-3 Definitionen nach DIN 40150 153
    A-4 Datenblöcke und Qualifier zur Erfassungs-Schnittstelle 154

1 Einleitung

Der deutsche Binnenmarkt allein bildet keine ausreichende Basis, um der deutschen Industrie Bestand und Wachstum zu garantieren. Sie ist nachhaltig auf den Weltmarkt angewiesen, auch dann, wenn durch politische Umwälzungen in Ost-Europa für die nächsten Jahre mit verstärkten Inlandsnachfrage zu rechnen ist. Neben Italien, Frankreich, Großbritannien und den USA muß sich die Bundesrepublik vor allem dem Wettbewerb mit Japan stellen /KCIM87/ (Bild 1.1). Aber auch die sogenannten Schwellenländer suchen neben den klassischen Industrieländern mit qualitativ hochwertigen Erzeugnissen auf den Weltmarkt zu drängen /MAIE88/.

Zudem hat sich der Markt in den vergangenen dreißig Jahren grundlegend geändert. Der Wandel vom Verkäufermarkt (Nachfrageüberhang) über den Verbrauchermarkt (Angebotsüberhang) bis hin zum heutigen Verdrängungsmarkt erfordert ständig aktuelle, sich am Marktgeschehen orientierte Produktionskonzeptionen /BONS89/. Strategische Erfolgsfaktoren sind in diesem Zusammenhang:

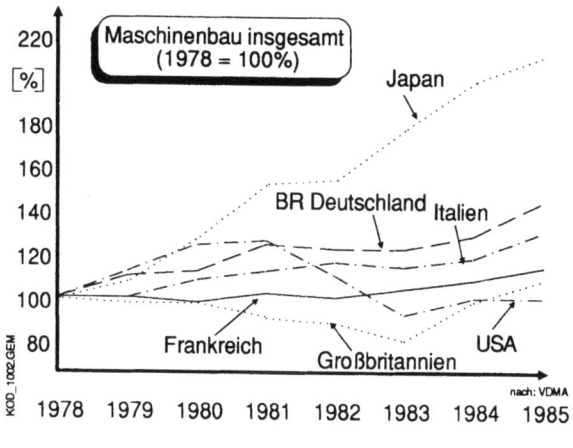

Bild 1.1:   Maschinenausfuhr ausgewählter Länder

* eine Verkürzung der Innovationszeit von der Idee bis zum Produkt,
* die Reduzierung der Lieferfristen und Lagerhaltung (Just-in-Time Produktion),
* die Steigerung der Flexibilität und des Variantenvielfalt sowie
* die kontinuierliche Verbesserung der Qualitätsfähigkeit der gesamten Produktion.

Die Komplexität und Vielschichtigkeit dieser Ziele verstärkt dabei nicht nur im Rahmen der Auftragsfertigung die immer größer werdende gegenseitige Abhängigkeit der Abnehmer- und Zulieferbranchen (Bild 1.2).

Auch der Konsument profitiert von dieser Entwicklung. Er kauft nicht nur kritischer, sondern artikuliert auch gegebenfalls seine Unzufriedenheit. 90 von 100 Kunden, die mit der Beschaffenheit eines Produktes unzufrieden sind, werden dieses fortan meiden. Darüber hinaus wird jeder dieser unzufriedenen Kunden seinen Unmut über die mangelnde Qualität mindestens 9 und teilweise sogar über 20 weiteren Personen mitteilen /DESA89/. So rechnet man bei Investitionsgütern für jeden Fehler im Produkt über dem akzeptablen Durchschnitt mit einem Rückgang des Verkaufsvolumens um 3 bis 4% /BRUN87a/.

Die Antwort der Unternehmen auf diese Situation besteht in der weitergehenden Ausschöpfung erkannter und der Erschließung neuer produktionsverbessernder Ressourcen. In diesem Zusammenhang sind "Information"

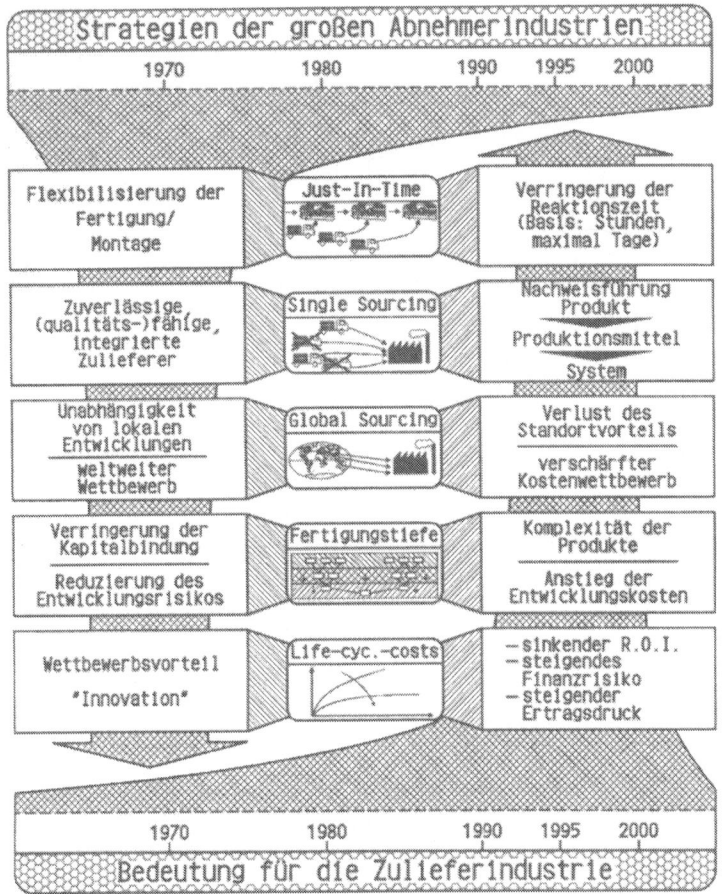

Bild 1.2: Entwicklungen in den Abnehmer- Zulieferindustrien

/AMSP87/ und "Qualität" /SCHA85/ als Schlüsselfaktoren erkannt und intensiv diskutiert worden.

Kritisches Verbraucherverhalten kann von den Unternehmen auch als Chance verstanden werden, um durch die konsequente Ausnutzung der strategischen Ressource Qualität den Ausbau und die Sicherung des Vorsprungs vor den Mitbewerbern und damit den dauerhaften Erfolg des Unternehmens im internationalen Verdrängungswettbewerb sicherzustellen /BECK90/.

Information im Sinne der bedarfs- und zeitgerechten Bereitstellung von Daten ist zentrales Element der rechnerintegrierten Produktion, die als wesentlicher Faktor zur Weiterentwicklung der Produktionsmöglichkeiten in Hinblick auf Kosten, Zeit und Qualität gesehen wird /KCIM87, SCHU89/ (Bild 1.3).

Einleitung 3

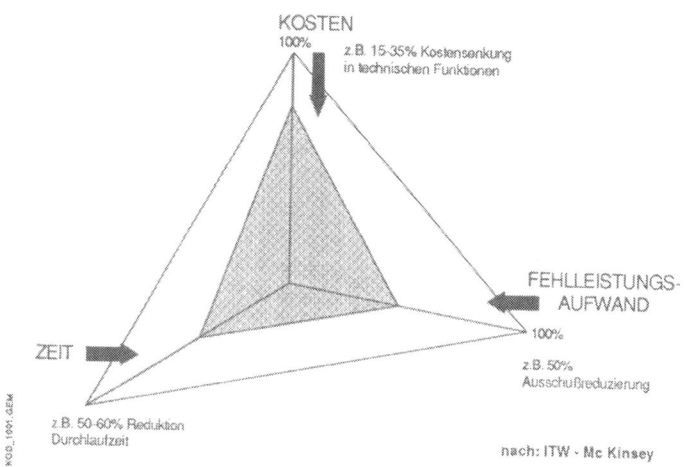

Bild 1.3: Leistungssteigerung durch rechnerintegrierte Fabrikautomatisierung

Führt man sich nun noch vor Augen, daß die Sicherung der Qualität eine ausgeprägte Querschnittsfunktion ist, in die alle Unternehmensbereiche betrifft, dann wird die äußerst enge Verzahnung dieser beiden Erfolgsfaktoren deutlich. Die Möglichkeit der abteilungs- und bereichsübergreifenden Verfügbarkeit und die Verarbeitung von Informationen ist ausschlaggebend für die Leistungsfähigkeit des Qualitätssicherungssystems.

Als Werkzeug zum rationellen und sicheren Handling großer Datenmengen wird heute verstärkt die elektronische Datenverarbeitung eingesetzt. Die Definition einheitlicher Schnittstellen ist eine Grundvoraussetzung für den Aufbau integrierter Systeme aus den heute vorherrschend als Insellösung realisierten EDV-Anwendungen. Festzulegen sind neben den physikalischen Eigenschaften der Schnittstellen vor allem die Bedeutung der ausgetauschten Signale. Erst die unternehmensweit einheitliche Interpretation der Daten schafft die Voraussetzung für eine integrierte Informationsverarbeitung /MASI88/.

Die sich aus der o.g. Querschnittsfunktion der Qualitätssicherung ergebenden semantischen und strukturellen Anforderungen einer Datenbereitstellung sollen im weiteren näher beleuchtet werden.

Vor diesem Hintergrund ist es das Ziel dieser Arbeit,

* ein Datenmodell zur Integration der Qualitätssicherung in den betrieblichen Informationsfluß der indirekten Produktionsbereiche und
* eine einheitliche Schnittstelle zur Integration qualitätssichernder Funktionen der operativen Ebene zu entwickeln.

Das Leistungsspektrum beschränkt sich dabei nicht allein auf die Datenlogistik der traditionellen Qualitätsprüfung sondern berücksichtigt auch die Betriebsdaten- und Maschinendatenerfassung. Dabei soll das Anforderungsprofil für eine vorgegebene Funktionalität eines Qualitätsdatenmodells herausgearbeitet werden. Dieses umfaßt die Analyse der zur Weiterverarbeitung in der CIM-Umgebung erforderlichen Daten und die Definition einer geeigneten Qualitätsdatenstruktur.

Hohe Flexibilität und Kompatibilität sind weitere Forderungen an das Gesamtmodell, die es zu berücksichtigen gilt.

Hierzu folgt auf eine kurze Abhandlung des heutigen Standes der industriellen Qualitätssicherung und der ihr zur Verfügung stehenden Methoden eine Beschreibung des Leistungsspektrums von Anwendungen der rechnergestützten Qualitätssicherung und deren Berücksichtigung in CIM-Modellen. Anschließend werden die besonderen theoretischen, systematischen, kommunikationstechnischen und EDV-technischen Randbedingungen zur Entwicklung eines Datenmodells diskutiert. Aufbauend auf diesen Erkenntnissen wird ein Produktdatenmodell, ein betriebsmittelzentriertes Produktionsdatenmodell und eine Erfassungsschnittstelle zur Verbindung beider Modelle und der Datenbereitstellung aus der operative Ebene heraus vorgestellt. Die Arbeit schließt mit der Beschreibung der Schnittstellen-Implementierung als Vorbereitung einer Einführung des Gesamtmodells in einem mittelständischen Unternehmen des Maschinenbaus.

Einleitung

1.1 Problemstellung

"Die Sonderstellung der Qualitätssicherung im Gesamtrahmen der Produktion läßt sich bereits an dieser Stelle erkennen"
/KCIM87; S. 43/.

Was macht die Einbindung der Qualitätssicherung so schwierig, daß die Kommission CIM im DIN ihr eine Sonderstellung einräumt und ihr bei der Strukturierung des Informationsflusses in der Produktion weder einen objektorientierten noch einen funktionsorientierten Informationsfluß zuordnen will (Bild 1.4)?

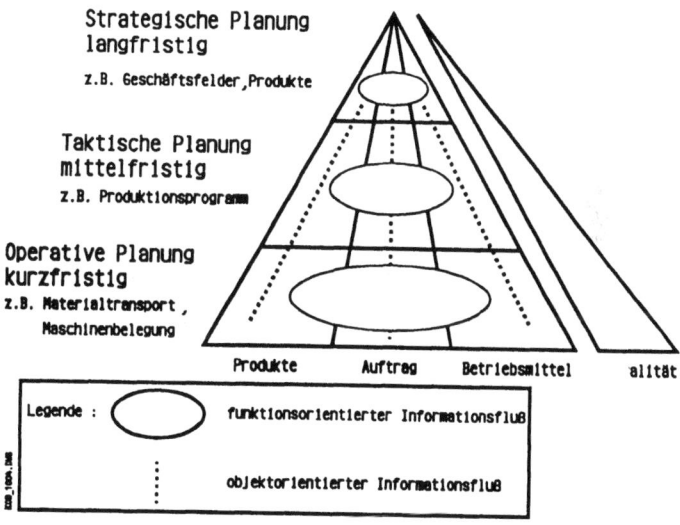

Bild 1.4: Struktur des Informationsflusses in der Produktion (nach: KCIM)

Zum einen ist Qualität nicht allein einem Objekt (z.B. nur dem Produkt) zuzuordnen. Sie ist genauso selbstverständliche Eigenschaft der eingesetzten Betriebsmittel wie auch der Ablauforganisation. Dagegen kann sie nie allein Objekt sein, sondern existiert nur in Verbindung mit einem Betrachtungsgegenstand.

Zum anderen ist ihr Funktionsumfang nie auf eine bestimmte Planungsebene einschränkbar, genausowenig wie sich ihre Aufgabenstellung allein durch einen Top-Down Ansatz ohne eine starke Bottom-Up Komponente strukturieren läßt. Dies resultiert wie die vorab aufgezeigte äußerst enge Verzahnung der strategischen Erfolgsfaktoren aus der ausgeprägten Querschnittsfunktion der Qualitätssicherung, die alle Unternehmensbereiche in ihren Wirkungsbereich einbezieht /WARN84, GIKO89/.

Abgeleitet aus einem obersten Unternehmensziel "Sicherung des Unternehmenserfolges" ergeben sich strategische Wettbewerbsvariable.

Wettbewerbsvariable sind alle jene Einflußgrößen, die in besonderem Maße die Position eines Produktes bei einer spezifischen Käuferschicht unter den Produkten der Mitbewerber herausheben. Zum einen sind es Faktoren des Produktumfeldes, wie Gewährleistung, Service, Lieferbereitschaft, Image usw. Zum anderen sind es Merkmale des Produktes selbst, wie Preis, Lebensdauer, individuelle Ausführungsvielfalt und in besonderem Maße seine Qualität /KRAL87/.

Ziel der Qualitätspolitik eines Unternehmens muß es daher sein, bei Entwicklung, Fertigung und Vertrieb der Produkte den Interessen und Erwartungen der Verbraucher einen adäquaten Stellenwert einzuräumen und die personellen und finanziellen Ressourcen des Unternehmens auf dieses Ziel auszurichten. Dabei gilt es, der Qualität als bedeutsamer Wettbewerbsvariable den notwendigen Stellenwert zu verschaffen /MASI80/.

Welche Folgen mangelnde Orientierung an den Kundenwünschen bei der Entwicklung der Produkte für Unternehmen haben kann, zeigt das Beispiel der deutschen Photo- und Hifi-Industrie. Beide Branchen produzierten ihrem Verständnis nach qualitativ hochwertige Produkte. Mit hohem Aufwand und unter hohen Kosten wurden Produktmerkmale realisiert, denen bei der Bewertung durch den Kunden jedoch nur geringere Bedeutung zukam. Die Unternehmen produzierten sozusagen "am Markt vorbei". Gleichzeitig gelang es meist fernöstlichen Herstellern, das Anforderungsprofil breiter Marktsegmente zu treffen. Die Folge war in den 70iger Jahren der fast völlige Niedergang (bis auf Randsegmente) der deutschen Photo- und Hifi-Industrie /PFEI90a/.

Neben der korrekten Kenntnis der Kundenwünsche ist das möglichst frühzeitige Einwirken auf Fehlerquellen mit Blick auf die entstehenden Kosten der Fehlerbeseitigung von großer Dringlichkeit. Die Maxime "Fehlerprävention vor Fehlerdetektion" ist jedoch nur zu verwirklichen durch einen abteilungs- und bereichsübergreifenden Informationsaustausch qualitätssicherungsrelevanter Daten /PFEI87/. Besondere Berücksichtigung bei dieser Arbeit soll deshalb die Unterstützung qualitätssichernder Aktivitäten in den Produktentstehungsphasen vor Fertigungsbeginn finden.

Begründet durch die Taylorsche Arbeitsteilung sind die Unternehmen heute streng funktionsorientiert organisiert. Die Orientierung an der Funktion spiegelt sich im Datenhaltungskonzept wider. Die Strukturierung der Daten ist heute üblicherweise eng an den Verwendungszweck gebunden /VETT89/.

Um die Informationserfassung und -verarbeitung schneller, sicherer und rationeller zu gestalten, werden heute zunehmend Rechner eingesetzt. Eine Einbettung der Qualitätssicherung in die rechnerintegrierte Produktion ist, wie der Aufbau jedes integrierten Gesamtsystems, jedoch nur über die Definition einheitlicher Datenarchitekturen und allgemein verbindlicher Schnittstellen-Beschreibungen möglich /KOEP90/.

Sowohl geeignete Datenstrukturen zur Beschreibung von Produkten und Produktionsmitteln, als auch die Festlegung einer flexiblen Schnittstelle zur Rückführung der während der Fertigungsphase gewonnenen Daten werden Gegenstand der weiteren Diskussion im Rahmen dieser Arbeit sein.

2 Methodisches und wirtschaftliches Umfeld der Qualitätssicherung

2.1 Historische und methodische Entwicklung der Qualitätssicherung

Die Qualitätssicherung als eigenständiger Funktionsbereich eines Unternehmens beginnt sich kurz nach der industriellen Revolution zu formieren. Das für diese Zeit so neue Prinzip einer immer strengeren Arbeitsteilung machte Prüfungen innerhalb der Fertigungsabläufe notwendig, die nicht vom Werker selbst durchgeführt werden dürfen. In sehr kurzer Zeit bildet sich dann eine Organisationsform heraus, die wir heute mit dem Begriff der Qualitätskontrolle oder des Prüfwesens beschreiben. Die weitere Entwicklung ist von dem Bemühen gekennzeichnet, zuerst fehlerentdeckende, im weiteren dann fehlervermeidende Maßnahmen der Qualitätssicherung in einem immer weiteren Umfeld anzuwenden. Die Entwicklungsrichtung ist dabei dem Produktionsfluß gegenläufig. Stand zu Beginn eine separate Endkontrolle vor dem Versand, so tauchen mehr und mehr qualitätssichernde Aktivitäten im Wareneingang, in der Montage, in der Fertigung und nicht zuletzt in planerischen Bereichen auf.

In der Zeit nach dem zweiten Weltkrieg, also in der Wiederaufbauphase, stellten sehr viele Industrieunternehmen fest, daß als Folge der besonderen Bedingungen der Kriegswirtschaft ein sehr heterogenes Spektrum an zumeist isolierten Anwendungen qualitätssichernder Methoden herangewachsen war. Eine all diese Einzelaktivitäten umfassende Komponente war dringlich gefordert. Sie bot sich in Form mehrerer Konzepte an, denen allen gemein ist, daß sie Qualität in erster Linie als Managementaufgabe (TQM / Total Quality Management) verstehen und ihr zugleich einen sehr umfassenden Wirkanspruch, wie er in dem englischen Wort "total" zum Ausdruck kommt, zubilligen. Es ist bis heute weder gelungen, diese sehr weitreichenden Konzepte in einer größeren Zahl von Unternehmen umzusetzen, noch war es möglich, Verfahren der Qualitätssicherung vor Fertigungsbeginn mit dem theoretisch zu vermutenden Wirkungsgrad anzuwenden. Sinngemäß läßt sich gleiches auch für den Einsatz moderner Verwaltungs- und Steuerungswerkzeuge, wie sie durch Computerapplikationen repräsentiert werden, sagen. Analysiert man die hierbei festzustellenden Hemmfaktoren, so stößt man immer wieder auf die immer noch nicht überwundenen Spätfolgen des Taylor'schen Arbeitsteilungsprinzips.

Bild 2.1 gibt einen Überblick über das maximal erreichbare Qualitätsniveau derzeit üblicher Qualitätssicherungsmethoden. Vereinfachend wurde angenommen, daß bei allen Funktionen und qualitätsrelevanten Merkmalen eines Produktes dieselbe Fehlerrate auftritt. So konnte in grober Näherung mit dem statistischen Modell der "unabhängigen Ereignisse" gearbeitet werden /EBEL89/.

Die in den produzierenden Unternehmen derzeit noch weit verbreitete Qualitätssicherungsstrategie ist die 100% Prüfung. EBELING /EBEL89/ nennt als Grenze einer anspruchsvollen visuellen Prüfung durch den Menschen ein Qualitätsniveau von 25%. Die Grenze menschlicher Prüftätigkeit sieht er unter günstigen Bedingungen bei einem geforderten Qualitätsniveau von 5%. Ein höheres Qualitätsniveau ist bei Anwendung der Qualitätssicherungsstrategie "Prüfen" nur durch Einsatz von automatisierten Prüfeinrichtungen (bei hierfür geeigneten Produkten) zu erreichen. Das maximale Qualitätsniveau von Sortierautomaten liegt heute bei 100 ppm /EBEL89/.

Die Qualitätssicherungsstrategie "Prüfen" versagt jedoch zunehmend

* bei der sicheren Feststellung von sehr geringen Fehleranteilen,

* wenn Fehler bzw. deren Auswirkungen zum Zeitpunkt des Prüfens (noch) nicht vorhanden bzw. feststellbar sind,

* bei Fehlern, die aufgrund von Wechselwirkungen auftreten /EBEL89/.

Durch "Prüfen" allein kann der Qualitätsstand bestenfalls festgehalten, niemals aber verbessert werden /GAUB90/. Wirksam vorbeugende Maßnahmen sind daraus nur abzuleiten, wenn die Qualitätsprüfung nicht mehr nur als Kontrollinstrument verstanden wird, sondern mehr den Charakter der gezielten Informationsbeschaffung bekommt. PFEIFER sieht die Zukunft der (rechnergestützten) Qualitätsprüfung in der Entwicklung zu einer integrierenden CIM-Komponente der operativen Ebene und in der Wandlung zu einem Hauptbestandteil eines "sensorischen Nervensystems" eines Industriebetriebes /PFEI90b/.

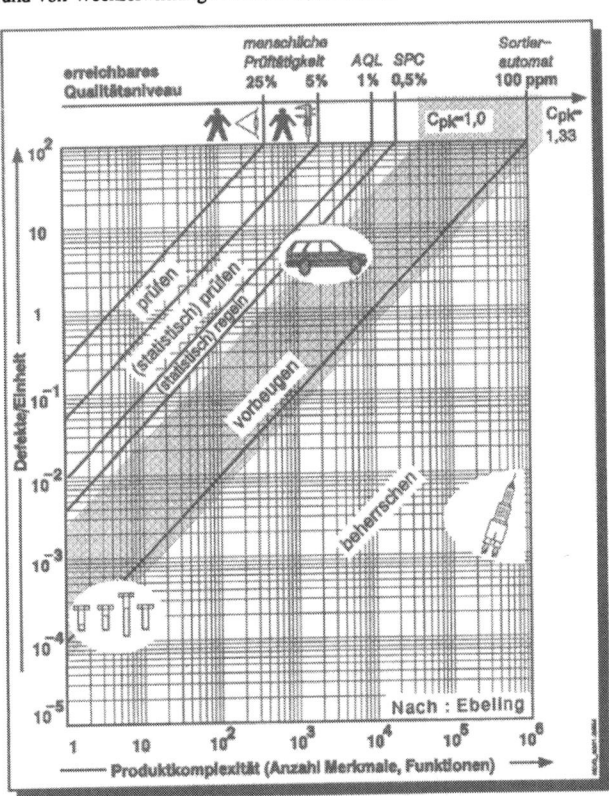

Bild 2.1: Qualitätstechniken und erreichbares Qualitätsniveau.

Erste Ansätze dieser Entwicklungslinien sind heute schon zu erkennen. In zunehmendem Maße werden die Informationen aus der Qualitätsprüfung dazu benutzt, um regelnd in den Produktionsprozeß einzugreifen und das Qualitätsniveau zu verbessern /EBEL88/. Besondere Bedeutung hat heute wieder -nach einer ersten Welle Ende der 50er Jahre unter dem Schlagwort "Statistische Prozeßkontrolle"- die statistische Prozeßüberwachung (SPC) erlangt. Neu an der heutigen SPC ist das Zusammenführen westlicher und japanischer Ideen, die praktisch eine neue und ungleich wirksamere Methode ergeben /EBEL88/.

SPC bewirkt, daß systematische Störgrößen bei der Produktion schnell identifiziert werden und weist auf die Notwendigkeit von Korrekturmaßnahmen hin, um die Störgrößen unter Kontrolle zu bringen und zu eliminieren /GAUB90/. Werden die Einflußgrößen auf den Prozeß so geregelt, daß er ständig einwandfreie Ergebnisse liefert, brauchen die Produkte selbst nicht mehr routinemäßig überprüft zu werden.

Jedoch kann die SPC nur dazu dienen, eine durch Konstruktion und Prozeßplanung vorgegebene maximale Produktqualität in der Fertigung darzustellen und zu sichern. Die SPC kann Hinweise zur Verbesserung der Prozeßüberwachung und indirekt auch zur Verbesserung des Produktes geben. Wenn jedoch ein Produkt von vornherein nicht qualitätsfähig (z.B. nicht fertigungs- und montagegerecht) konstruiert wurde, so kann das Qualitätsniveau auch nicht durch die SPC angehoben werden.

Voraussetzung für den erfolgreichen Einsatz der SPC ist, daß der überwachte Prozeß folgende Bedingungen erfüllt:

- ★ Alle Prozeßparameter sind bekannt und der Prozeß ist beherrscht.
- ★ Die Parameter sind steuerbar.
- ★ Der Prozeß hält die Erzeugnisspezifikationen ein (Nachweis der Prozeßfähigkeit mit c_p- und c_{pk}-Index /EBEL89, VDA 86/).

Ein theoretisch idealer, beherrschter Prozeß würde, klassifiziert mit einem Prozeßfähigkeitsindex $c_{pk} > 1$, ein Qualitätsniveau besser als 0,27% erreichen (Bild 2.1). In der betrieblichen Praxis, direkt an der Fertigungslinie, wird es mit der Strategie der Regelung jedoch nur selten gelingen, alle systematischen Einflüsse auf den Prozeß zu erkennen, geschweige denn diese zu steuern. Laut EBELING setzt hier bereits die (in der praktischen Anwendung sinnvolle maximale) Empfindlichkeit der Regelkarten eine Grenze. So schätzt er das mit der SPC erreichbare Qualitätsniveau auf 0,5% /EBEL89/ (Bild 2.1).

Wird ein höheres Qualitätsniveau gefordert, so versagen die bisher vorgestellten Methoden der On-Line-Qualitätssicherung ("On-Line" = an der Fertigungslinie). An diesem Punkt muß erkannt werden, daß die größte Beeinflußbarkeit der Produktqualität -und damit auch die Verantwortung- in den Produktentstehungsphasen vor Fertigungsbeginn ("Off-Line") liegt /EBEL89/. Daher müssen Methoden zum Einsatz kommen, die bereits in den Phasen vor Fertigungsbeginn (Konstruktion, Prozeßplanung) Fehlermöglichkeiten, deren Ursachen und Auswirkungen aufzeigen, um so einer Fehlerentstehung wirksam <u>vorzubeugen</u> /FORD88/.

Höchste Qualitätsanforderungen mit Defekten pro Einheit im dpm (Defects per Million) Bereich sind nur durch <u>Beherrschen</u> aller qualitätsbestimmenden Parameter zu erreichen. Ein umfassender unternehmensweiter Qualitätsansatz, der Kundenwünsche und -forderungen einbezieht, ist die Voraussetzung dafür.

2.2 Wirtschaftliche Aspekte der Qualitätssicherung

Immer wieder werden Funktionen, aber auch Fehlfunktionen der Qualitätssicherung mit monetären Größen in Verbindung gebracht. Wiewohl allgemeingültige und belastbare Kostenmodelle für die Qualitätssicherung noch nicht auszumachen sind, zeigen Aspekte der Fehler- und Fehlerfolgekostenbetrachtung, daß hier ein direkter Zusammenhang zur Umsatzrendite besteht. Bezog sich die zuletzt gemachte Aussage im Schwerpunkt auf die direkten Fertigungsbereiche, so läßt sich über eine Fehlerursachenbetrachtung schnell eine Brücke hin zu den indirekten Produktionsbereichen schlagen. In diesem Umfeld tritt zusätzlich noch hinzu, daß Entwicklungsdauer und Entwicklungsaufwand in ganz unterschiedlichem Maße das Gesamtergebnis an einem Produkttyp beeinflussen /WILL91, WARS91/.

Die Unternehmen werden derzeit von seiten des Marktes mit ständig verschärften Qualitätsanforderungen konfrontiert. Einerseits muß dem gestiegenen Qualitätsbewußtsein der Kundschaft durch geringere Fehlerquoten im Endprodukt Rechnung getragen werden. Andererseits soll bei steigender Produktkomplexität die Fehlerquote im Endprodukt mindestens konstant gehalten werden. Verschärften Qualitätsanforderungen müssen die Unternehmen mit veränderten Strategien in der Qualitätssicherung begegnen.

Folgende Sachverhalte können der Literatur entnommen werden:

* 60% aller Ausfälle innerhalb der Gewährleistungsperiode haben ihren Ursprung in fehlerhaften, unfertigen und unreifen Entwicklungen /JAHN88/.

* 70 - 80% aller in der Fertigung aufgedeckten Fehler entstehen aufgrund von Unzulänglichkeiten in indirekten Produktionsbereichen /JAHN88/.

Die Zahlen zeigen deutlich, daß qualitätssichernde Aktivitäten künftig vor dem Beginn der Fertigung ("Off-Line") einsetzen müssen, da heute der überwiegende Teil der am Produkt auftretenden Fehler ursächlich den der Fertigung vorgelagerten planenden und steuernden Bereichen zugewiesen werden kann.

Viele Branchen sind bereits Marktforderungen ausgesetzt, die jenseits des mit den Methoden der On-Line-Qualitätssicherung erreichbaren Qualitätsniveaus liegen. Exemplarisch zeigt Bild 2.1 die Zonen, in denen sich derzeit die Automobilindustrie und die Hersteller von automatisierungsgerechten Normteilen bewegen.

Konnte z.B. ein Schraubenhersteller noch vor einiger Zeit die Marktanforderungen mit Fehlerquoten im Prozentbereich erfüllen, so schreiben heute Qualitätsanforderungen im Marktsegment der automatisierungsgrechten Normteile erlaubte Restfehleranteile in der Höhe von dpm vor.

Der Automobilindustrie bereitet vor allen Dingen die ständig steigende Produktkomplexität Qualitätsprobleme. Zählte man bei einem Mittelklasse-PKW noch im Jahre 1976 ca. 50.000 Teilenummern, so waren es 1986 bereits 160.000 Teilenummern /EVER90/. Bei PKW's liegt die Beanstandungsrate je nach der Komplexität des Fahrzeugs derzeit zwischen 2 und 10 Fehlern pro Fahrzeug. Die Funktionsanzahl bzw. die Anzahl funktionswichtiger Einzelteile erreicht Werte zwischen 1000 und 10.000 /EBEL89/. Betrachtet man die Lage der Automobilindustrie im Diagramm (Bild 2.1), so wird klar, warum man dort energische Schritte zur Einführung der SPC unternimmt /VDA 86, FORD87/.

Deutlich wird aber vor allem, daß die Automobilindustrie in Bereiche vordringt, in denen die Methoden der On-Line-Qualitätssicherung versagen. Darum wird in letzter Zeit verstärkt der Einsatz von Methoden propagiert, die vor Fertigungsbeginn angreifen ("Off-Line") und von denen man erwartet, daß sie zwangsläufig zu qualitätsfähigen Produkten und Prozessen führen /EBEL89, FORD88/.

Für den Anteil der Qualitätskosten an den Herstellkosten werden derzeit Werte zwischen 6 und 13% genannt, wobei in Einzelfällen auch Werte über 25% in Erscheinung treten können /RB&P87/. Der Anteil der Qualitätskosten an der Wertschöpfung beträgt zwischen 15 und 25 % /BRUN87a/. Welch großes Kostensenkungspotential darin liegt, mögliche Fehlerquellen bereits vor Fertigungsbeginn zu erkennen und zu eliminieren, zeigt ein weiteres Beispiel aus dem Automobilbau.

Mercedes-Benz beziffert den durchschnittlichen Aufwand pro Fehler, der erst nach Auslieferung des Fahrzeugs beim Kunden innerhalb der Garantiezeit auftritt, mit durchschnittlich 100 DM /MBAG/. (Ein Vergleich mit Bild 2.1 ergibt, daß demnach derzeit pro Fahrzeug Servicekosten zwischen 200 und 1000 DM anfallen.) Der Betrag von 100 DM entspricht dabei den durchschnittlichen Kosten aller Gewährleistungsfälle, von der abgefallenen Zierleiste bis zum Totalverlust des Fahrzeugs. Diese 100 DM sind aber lediglich als "Spitze des Eisbergs" zu betrachten, denn die Kosten, die langfristig aus dem beim Kunden entstandenen Vertrauens- und Imageverlust erwachsen, dürften wohl kaum je erfaßt worden sein /BRUN87/.

Wird der Fehler am Produkt vor der Auslieferung an den Kunden bereits in der Fertigung durch Prüfmaßnahmen entdeckt, so sind die Fehlerkosten um den Faktor 10 niedriger. Mercedes-Benz nennt für den Fahrzeugbau Kosten von etwa 10 DM pro Fehler, verursacht durch Ausschußteile oder Nacharbeit /MBAG/.

Ungleich kostengünstiger ist dagegen die Fehlervermeidung, das heißt, das Erkennen und Entschärfen von Fehlerpotentialen in Produkt und Prozeß vor dem Beginn der Fertigung. Wird der potentielle Fehler schon bei der Planung des Fertigungsprozesses erkannt, liegen die Kosten für die Vermeidung des Fehlers bei etwa 1 DM /MBAG/. Am niedrigsten sind die Kosten, wenn ein nicht qualitätsfähiges Konstruktionselement noch in der Konstruktionsphase im Design Review erfaßt wird. Laut Mercedes-Benz entstehen dann für die Verbesserung der Konstruktion und damit der Vermeidung von Fehlern in den nachfolgenden Bereichen im Durchschnitt lediglich Kosten in Höhe von 0,10 DM pro Fehler /MBAG/.

Es zeigt sich, je später ein Fehler im Produkt erkannt wird, um so höher sind die Kosten! Tritt der Fehler erst beim Kunden auf, so entstehen Kosten in Höhe von 100 DM. Wäre der Fehler bereits in der Konstruktionsphase erkannt worden, so hätte er mit einem Aufwand von 0,10 DM vermieden werden können. Der Unterschied liegt bei 1.000%!

An diesem Beispiel wird klar, daß der "Hebel" zur Optimierung der Produktqualität und der Qualitätskosten am wirkungsvollsten im Bereich der planenden und konzipierenden Tätigkeiten anzusetzen ist. Dazu ist der Einsatz von modernen Qualitätstechniken erforderlich, die es ermöglichen, Fehler frühzeitig zu erkennen oder sogar gänzlich zu vermeiden. Dadurch werden die Aufwendungen für Nacharbeit, Ausschuß und Service drastisch verringert, so daß mit der Verbesserung der Qualität eine Minimierung des Fehlleistungsaufwandes und damit eine Senkung der Herstellkosten einhergeht. Neben dem direkt quantifizierbaren Nutzen durch die Reduzierung der Herstellkosten sind durch eine Verbesserung der Qualität langfristig zufriedene Kunden und damit eine Erhöhung der Marktchancen des Unternehmens zu erwarten /WECK90, GOLU88, BRUN87/.

Diese Aussagen legen, neben sicherlich vielen anderen hier nicht weiter genannten Faktoren, nahe, daß eine Intensivierung qualitätssichernder Aktivitäten ihren Schwerpunkt in den der Produktion vorgelagerten Bereichen haben muß. Die geschichtliche Entwicklung der industriellen Qualitätssicherung belegt, daß dieser Trend in den großen westlichen Industrienationen erkannt, wenn auch bis jetzt nicht in der wünschenswerten Tiefe realisiert wurde.

Es bedarf einer Vielzahl von Voraussetzungen, um die Zielsetzung einer gleichzeitigen Verbesserung der Qualität und Optimierung der Kosten zu realisieren. Diese reichen vom Einsatz moderner Qualitätstechniken über die kundenorientierte Produktgestaltung bis hin zu motivierten und geschulten Mitarbeitern /AWK 90/. Eines der wichtigsten Elemente ist das bereichs- und abteilungsübergreifende Handling von qualitätsrelevanten Informationen. Schon heute entfallen bei manchen Unternehmen bis zu 80% der Wertschöpfung auf die Erzeugung, Verarbeitung, Speicherung und auf das "Retrieval" von Daten /MASI88/.

2.3 Taylor und die Folgen für CAQ-Applikationen

Mehr und mehr wird deutlich, daß das Taylor'sche Prinzip der Arbeitsteilung der Hemmschuh für eine konsequente Weiterentwicklung der industriellen Qualitätssicherung ist. Analysiert man die auftretenden Probleme, so zeigt sich, daß ein Schwerpunkt bei dem Phänomen der diesem Prinzip zugrundeliegenden Entkopplung liegt. Die festzustellenden Entkopplungseffekte sind hierbei mehrdimensional und behindern qualitätssichernde Tätigkeiten in vielerlei Hinsicht. Wichtige Aspekte dieser Entkopplung sind:

* die organisatorische,
* die prüftechnische,
* die datentechnische und
* die menschliche

Entkopplung innerhalb des Prozeßumfeldes. Sah man in der Vergangenheit besondere Vorteile in einer neuen Strukturierung und in unterschiedlichen Systematisierungs- und Rationalisierungsmöglichkeiten, so überwiegen heute eindeutig die Nachteile. Die Entfremdung des Menschen von seiner Arbeit und das daraus resultierende Fehlen von Verantwortungsbewußtsein für das Arbeitsergebnis ist nur eine Folge dieser Entkopplung. Schwerwiegender ist für eine effiziente Durchführung von Verfahren der fehlerverhütenden Qualitätssicherung die ab ihrer Entstehung separierte Erfassung von prozeß- und produktbeschreibenden Daten, deren spätere Rekombination heute eben nur in Ausnahmefällen möglich ist. Die Trennung, die Taylor in der Welt der Arbeitsprozesse (Fertigungsprozesse) vorgenommen hat, spiegelt sich heute in den indirekten Produktionsbereichen wieder. Eine Qualitätssicherung in der rechnerintegrierten Produktion kann nur dann wirkungsvoll realisiert werden, wenn es gelingt, diese Trennung zu überwinden.

Integrierte Qualitätssicherung, das ist deutlich mehr, als das Gewinnen von Prüfergebnissen. Die integrierte Qualitätssicherung umfaßt alle Aktivitäten, die der gezielten Beschaffung, Aufbereitung, Verteilung und Nutzung von qualitätsrelevanten Informationen dienen /BONS89/. Hier ist insbesondere der hohe Informationsbedarf der Methoden der vorbeugenden Qualitätssicherung zu berücksichtigen. Dazu muß die Qualitätssicherung mit allen technischen und, in eingeschränkter Form, auch mit den kaufmännischen Bereichen kommunizieren. Es stellt sich damit vor allem die Aufgabe, über geeignete Daten- und Schnittstellen-Architekturen EDV-Systeme unterschiedlicher Funktionen und Unternehmensbereiche zu verbinden, die in den Anfängen des EDV-Einsatzes als Insellösungen entwickelt wurden.

3 CAQ und Integration

3.1 Der erweiterte Qualitätsbegriff

In dem Maße, in dem sich das methodische Umfeld der Qualitätssicherung erweiterte, veränderte sich auch das Verständnis des Begriffes Qualität. Lange Zeit war man der Überzeugung, daß die Übereinstimmung eines Erzeugnisses mit den Zeichnungsmaßen Qualität sei. In den letzten Jahrzehnten setzte sich aber die Erkenntnis durch, daß es nur einen Maßstab für Qualität geben kann. Dieser Maßstab wird aber nicht durch die Vielzahl der im Unternehmen erzeugten Dokumente repräsentiert, sondern einzig und allein durch die Forderungen des Kunden. War bis dahin die Fertigung und Montage qualitätsbestimmend (denn in diesem Bereich wurden ja die Zeichnungsforderungen realisiert), kamen mit dem erweiterten Qualitätsbegriff eine Vielzahl von neuen Funktionen und Tätigkeiten hinzu, die ebenfalls hohen Einfluß auf die produzierte Qualität hatten. Man entdeckte sehr bald, daß die eingesetzten Betriebsmittel direkt mit der Erzeugnisqualität gekoppelt waren. Sie hatten eben eine unterschiedlich weit ausgeprägte Fähigkeit, Qualität zu erzeugen, und man entwickelte recht schnell geeignete mathematische Verfahren, um diese Qualitätsfähigkeit bewerten zu können. Je weiter man sich nun aber von der operativen Ebene wegbegibt, desto mehr nehmen die Methoden und Modelle ab, mit deren Hilfe man den Einfluß eines Vorganges auf die Erzeugnisqualität beschreiben und bewerten kann. Verständlich wird dies aus der Überlegung, daß genau solche Bewertungsinstrumente einzig und allein für den Bereich der direkten Fertigung benötigt wurden. Ebenso wenig darf verwundern, daß genau hier die wesentlichen Funktionen einer rechnergestützten Qualitätssicherung realisiert sind.

3.2 Charakteristika heutiger CAQ-Systeme

Spricht man heute von CAQ (Computer Aided Quality Assurance), so meint man damit Computerapplikationen, die die Planung, Auftragserstellung, Durchführung und Auswertung von Erzeugnis- und Betriebsmittelprüfungen unterstützen. Die Einsatzmöglichkeiten solcher Programme sind heute weit gestreut, beschränken sich aber auf die direkte Fertigungsebene. Zusätzlich kann man feststellen, daß durch das heutige Marktangebot die Funktionen der Prüfmittelüberwachung in ausreichendem Maße abgedeckt werden. Andere Funktionen der Qualitätssicherung werden zwar vereinzelt durch spezielle Softwareprodukte zumeist in Teilfunktionen unterstützt, ihr Erscheinungsbild ist aber nicht so geschlossen, daß man von einem repräsentativen Softwareangebot sprechen könnte. Da konventionelle CAQ-Systeme mit wenigen Ausnahmen als Stand-alone-Lösungen konzipiert sind und nur ein schmales Segment der Unternehmensstruktur besetzen, sind sie heute kaum in der Lage, Methoden der Qualitätssicherung in indirekten Produktionsbereichen in der gebotenen Form zu unterstützen. Die Effizienz einer CAQ-Anwendung in der Fertigung bleibt davon unbenommen, ihre Erweiterung in das planerische Umfeld ist eine zwingende Forderung. Es bietet sich damit also an, das Modell der rechnerintegrierten Produktion (CIM; Computer Integrated Manufacturing) auf die Erfüllung einer solchen Forderung hin zu untersuchen und ggf. zu ergänzen.

CAQ und Integration

Der Einsatz von spezieller Software für die Qualitätssicherung hat mittlerweile eine über zwanzigjährige Geschichte aufzuweisen /PFEI87b/.

Interessanterweise kommen die frühesten Anwendungen zur Qualitätsverbesserung aus einem Bereich, der heute wieder eine hochaktuelle Bedeutung gewonnen hat: der Fertigungs- oder Prozeßebene. LINDNER /LIND88/ berichtet von einem Spezialrechner Konrad Zuses, der Anfang der 40er Jahre für die Vermessung von Flügeln, Berechnung der Fertigungsgenauigkeit und Ermittlung von Korrekturwerten eingesetzt wurde. Es handelte sich vermutlich um den ersten digitalen Prozeßrechner der Technikgeschichte überhaupt.

Die meisten der heute verfügbaren Systeme sind im Gegensatz dazu an den Problemstellungen der Wareneingangsprüfung entstanden. Ein Ersteinsatz von CAQ in diesem Bereich bietet einige Vorteile:

* Der Bereich ist räumlich und organisatorisch klar abgegrenzt. Die Umgebungsbedingungen sind, gemessen an anderen Betriebsbereichen, konstant.

* Arbeitsabläufe und Entscheidungsalgorithmen sind eindeutig festgelegt und unterliegen kaum noch Modifikationen.

* Ein Rationalisierungseffekt durch den Rechnereinsatz ist hier genauso wie die Effizienz der Neuerung früh nachweisbar.

Allgemein wurde die Vorstellung von CAQ-Systemen oder besser CAQ-Bausteinen durch Softwareprodukte geprägt, die Ende der 70er, Anfang der 80er Jahre auf den Markt kamen. Die meisten von ihnen werden heute noch in der Wareneingangsprüfung eingesetzt, bzw. für Prüfungen in der Fertigung, die den Charakter einer WE-Prüfung aufweisen. Läßt man die Besonderheiten einzelner Lösungen außer Betracht, so bieten die Systeme folgende Leistungen:

* Erstellung von Prüfplänen am Bildschirm: Zur Unterstützung werden Grundfunktionen der Textverarbeitung in Verbindung mit primären Datenbankanwendungen angeboten.

* Bedienergesteuerte oder automatische Vergabe eines Prüfauftrages: Prüfumfang und Prüfschärfe werden von dem System in Abhängigkeit von der Teilehistorie gesteuert.

* Prüfdatenerfassung: Die Erfassungsperipherie reicht vom Terminal, in das die Ergebnisse eingetippt werden, bis zur Übernahme von Datenfiles aus autarken Subsystemen. Der Schwerpunkt verlagert sich von der Eingabe mittels Keyboard zur direkten Ankopplung von Meßmitteln mit digitalen Schnittstellen via Interface-Box.

* Prüfdatenauswertung in unterschiedlicher Analysetiefe: Die Systeme sehen sowohl automatisch ausgelöste Analysen (z.B. Aktualisierung der Historiendateien) als auch manuell aufrufbare Analysen wie statistische Auswertungen und graphische Darstellungen der Ergebnisse vor.

3.2.1 Funktionsmodule eines CAQ-Systems

Wie bereits deutlich wurde, steht den Unternehmen heute ein breites Spektrum an Strategien, Maßnahmen und Tätigkeiten zur Unterstützung der Qualitätssicherung zur Verfügung. Aktivitäten zur Sicherung der Qualität beginnen mit dem Marketing-Bereich, setzen sich in Entwicklung und Konstruktion fort, haben heute immer noch ihren Schwerpunkt im Bereich der Fertigung selbst und enden mit dem Einsatz des Erzeugnisses beim Kunden.

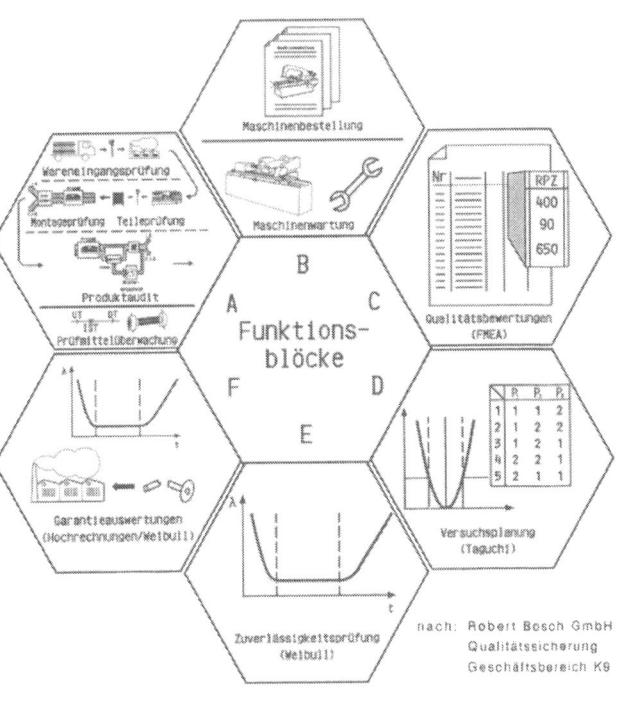

Diese Aufzählung gibt in groben Zügen den schon seit langem bekannten Qualitätskreis wieder /DIN 89/. Betrachtet man aber die spezifischen Leistungen der Qualitätssicherung und des Qualitätswesens in den einzelnen Entstehungsphasen eines Produktes, so zeigt sich, daß neben qualitätssichernden Maßnahmen, die sich auf das Objekt "Erzeugnis" beziehen, in zunehmendem Maße Aufgaben hinzutreten, die auf die eingesetzten Fertigungs- und Prüfmittel abzielen (Bild 3.1).

Bild 3.1: Bildung funktionaler Blöcke für die CAQ-Anwendung

Hier sind QS-Funktionen wie z.B. die Prüfmittelüberwachung und Elemente der statistischen Prozeßregelung (Maschinenfähigkeitsuntersuchungen, Prozeßfähigkeitsuntersuchungen) anzusiedeln.

Als Gegenstand einer CAQ-Anwendung ist die Erfassung und Auswertung von Service-und Garantiedaten sowie die permanente Überwachung und Verbesserung der die Anwendung eines Produktes begleitenden Unternehmensleistungen (Dokumentation, Kundendienst) noch weitgehend isoliert und eine Domäne großer, auf dem Verbrauchermarkt operierender Industriekonzerne /NEUB87/.

CAQ und Integration

Aktivitäten der Qualitätssicherung zur Serienreifmachung eines Produktes, beispielhaft seien hier FMEA (Failure Modes and Effects Analysis), statistische Versuchsplanung, PCM (Parts Count Method) oder Taguchi-Methoden genannt /FORD87, RYAN87, KLAT88/, werden heute, mit ganz wenigen Ausnahmen, nicht durch CAQ unterstützt.

Gemeinsam ist allen Funktionsblöcken, daß die in ihnen gelagerten Tätigkeiten:

* geplant,
* beauftragt,
* durchgeführt,
* ausgewertet und dokumentiert

werden müssen /KOEP90c/. Damit sind auch gleichzeitig die Grundleistungen eines CAQ-Systems genannt (Bild 3.2).

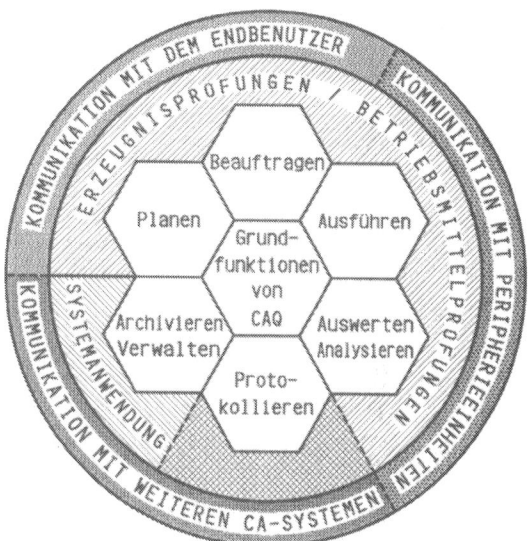

Zusätzlich kommen aus dem Bereich des Rechnereinsatzes als weitere Merkmale:

* die Anwenderunterstützung und
* die Kommunikationsfähigkeit (Software/Hardware)

Bild 3.2: Basisfunktionen eines CAQ-Systems

hinzu.

Im folgenden sollen nun in der gebotenen Kürze die wichtigsten Grundfunktionen skizziert werden.

3.2.1.1 Planung der Qualitätsprüfung

Der Begriff Prüfplanung ist heute noch eng mit der Vorstellung einer Planung der Prüfung von Erzeugnissen bzw. Produkten verbunden. Prüfplanungskomponenten von CAQ-Systemen unterstützen demzufolge entweder die Erzeugnisprüfung und/oder die Betriebsmittelprüfung. Sie stellen ein prägendes Element für den Aufbau der Datenverwaltung in CAQ-Systemen dar und erlauben eine einfache Form der Kopplung zu anderen Anwendungssystemen. Aus ihnen gehen die Prüfaufträge hervor, sie schlagen über die Sach- oder Teilenummer die Brücke zu anderen Informations-Systemen, wie der Stücklistenverwaltung oder der Arbeitsplanung.

Nur was im Prüfplan ausreichend angelegt und beschrieben wird, kann später zu umfassenden Analysen herangezogen werden. Andernfalls können Daten höchstens dokumentiert und archiviert, aber in den seltensten Fällen, und dann nur mit kaum vertretbarem Aufwand, wieder abgerufen werden.

Somit entscheidet schon das Konzept der Prüfplanung, welche Anwendungsbreite einem System später im Unternehmen zugewiesen werden kann /KOEP90a, MECK87, PFEI87/.

Wie auch bei den weiteren Funktionsmoduln zeigen sich bei den heute verfügbaren CAQ-Systemen große Unterschiede in der Ausprägung der Bedienerführung. Im einfachsten Falle wird dem Prüfplaner ein Formulareditor, d.h. Grundfunktionen der Textverarbeitung, angeboten. In einem weiteren Schritt kommen Funktionen hinzu, die nicht so sehr die Bearbeitung einzelner Datenfelder, sondern mehr die Verwaltung von Prüfplanbeständen betreffen. Hierbei wird seitens einer Prüfplanungskomponente neben den Grundfunktionen einer Dateibearbeitung wie Kopieren, Umbenennen und Löschen auch erwartet, daß Beziehungen zwischen unterschiedlichen Prüfplänen, wie sie durch Kopierfunktionen erzeugt werden, vom System erfaßt und im nachhinein verwaltet werden (Bild 3.3).

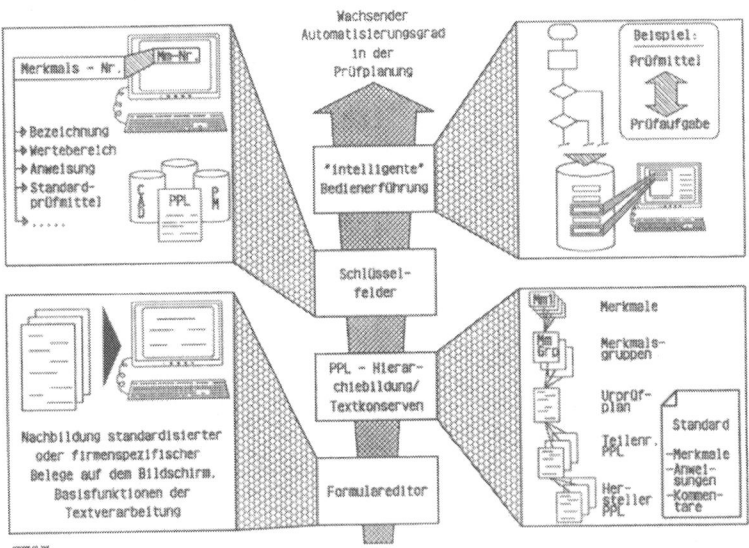

Bild 3.3: Automatisierung bei der Prüfplanerstellung

Auf der nächsthöheren Unterstützungsstufe unterstützt eine Prüfplanungskomponente direkt die Informationsbeschaffung während der Prüfplanung. Gemeint ist hier die Verwendung von Schlüsselfeldern, deren Benutzung einen direkten Durchgriff auf alle mit diesem Schlüssel verbundenen Daten ermöglicht. So kann z.B. der Sachbearbeiter durch die Eingabe eines Merkmalsschlüssels direkt auf den Bildschirm die damit verbundenen Standardinformationen wie: Merkmalsbezeichnung, Merkmalswertebereich, Standardprüfanweisung

CAQ und Integration

oder Standardprüfmittel angeboten bekommen. Er kann dann diese Informationen ggf. ohne Änderung direkt in den Prüfplan übernehmen.

Eine noch umfassendere Unterstützung ist in einem weiteren Schritt durch eine "intelligente" Bedienerführung zu sehen. Hier kommt zu der Datenbereitstellung, wie sie schon durch entsprechende Schlüsselfelder realisiert werden kann, zusätzlich noch eine programmtechnischer Unterstützung hinzu. Dies ist heute bei einigen CAQ-Systemen für das Zuordnungsproblem Prüfaufgabe-Prüfmittel bereits realisiert. Der Systemanwender bekommt in Abhängigkeit von der Prüfaufgabe nicht mehr den gesamten Bestand aller verfügbaren Prüfmittel angeboten, sondern nur noch einen schmalen Ausschnitt des Bestandes, der dann nach weiteren Kriterien geordnet ist. Mögliche Kriterien sind dabei Prüfmitteltyp, Einsatzkosten oder Verfügbarkeit des Prüfmittels.

3.2.1.2 Prüfauftragserstellung

Nur in Ausnahmefällen wird der Prüfauftrag eine "1:1-Kopie" des Prüfplanes sein. Diese Ausnahmen sind z.B. die 100%-Prüfung, d.h. die Prüfung eines Merkmals an allen Teilen eines Loses oder die Prüfungen zur statistischen Prozeßregelung. Im allgemeinen benötigen die Systeme zur Bestimmung der zu ziehenden Stichprobengröße drei zusätzliche Informationen. Dies ist zum ersten die aktuelle Losgröße, zum zweiten die aktuelle Bewertung aus der Qualitätshistorie zu dem Teil und dem Hersteller und drittens eine Tabelle, aus der über einen Kennwert die Stichprobengröße bestimmt wird. Aus diesen drei Informationen generiert das System automatisch die Prüfschärfe und damit die zu ziehende Stichprobe. Diese Vorgehensweise war Ende der 70er Jahre - Anfang der 80er-Jahre Anlaß zur Entwicklung der ersten kommerziellen CAQ-Systeme. Ausgangspunkt war der Wunsch, im Wareneingang zum einen kostenoptimal und zum anderen nach einheitlichen, statistisch abgesicherten Vorgehensweisen zu prüfen.

Bei einer Losanmeldung bestimmen die Systeme zuerst aus den Historiendaten die aktuelle Prüfstufe. Im allgemeinen unterscheidet man zwischen:

* verschärften
* normalen
* reduzierten
* skip und
* skip lot

Prüfungen.

Bei der letztgenannten Form wird nur noch überprüft, ob das angelieferte Los mit der Bestellspezifikation übereinstimmt. Ansonsten geht das Los ungeprüft an die Fertigung. Bei den anderen Formen wird auf Merkmalsebene über die zugeordneten Tabellen ein Stichprobenumfang festgelegt. Der Prüfer erhält dann die Information, welches die größte zu ziehende Stichprobe ist. Die gebräuchlichsten Tabellen sind heute für Attributprüfungen die DIN 40080 oder der Military Standard 105D und für Prüfungen mit variablen Merkmalen der Military Standard 414 bzw. die DIN ISO 3951 /DIN79a, DISO88/.

Manche Systeme sehen in diesem Zusammenhang auch eine Loskettensteuerung vor. Damit ist es möglich, Einzellose organisatorisch zu einem Gesamtlos zusammenzufassen und somit die gesamt zu ziehende Stichprobe kleiner zu halten, als sie bei einer Bearbeitung in Einzellosen ausfallen würde.

3.2.1.3 Prüfausführung

Mit der Erstellung eines Prüfauftrages liegt nun in einem CAQ-System eine eindeutige Vorgabe zur Durchführung der Qualitätsprüfung vor. Wurden früher die Prüfaufträge auf Papier ausgedruckt, den Arbeitspapieren beigelegt oder direkt den Prüfabteilungen zugeleitet, so hat sich in den letzten Jahren ein Wandel dahingehend vollzogen, daß der Rechner immer mehr auch die Prüfausführung direkt unterstützt. Immer weniger werden Meßwerte über Keyboard eingegeben. Im Normalfall sind Prüfmittel heute mit digitalen Ausgängen versehen und damit an eine entsprechende Rechnerperipherie anschließbar. Häufig ist diese Peripherie durch einen Personal Computer repräsentiert. Über geeignete Schnittstellen (Centronic, V.24, bzw. IEC/IEEE 488) sind Datenkonzentratoren mit dem Kleinrechner verbunden. Diese Datenkonzentratoren bieten heute fertig konfigurierte Schnittstellen für die gängigen Prüfmittel (Mitutoyo, Mauser, etc.).

Der Prüfer wird im Dialog mittels Bildschirmmasken durch die Prüfung geführt. Die Unterstützung des Systems besteht zum einen in der sofortigen und automatischen Prüfung der Korrektheit der Eingaben (Plausibilitätsprüfungen), zum anderen werden Grenzüberschreitungen von Meßwerten dem Bediener sofort angezeigt. Am Ende einer Prüfung kann von dem System sofort ein Prüfentscheid im Sinne von i.O./n.i.O. vorgeschlagen werden. Ein Teil der heute marktgängigen Systeme generiert bei n.i.O.-Befund auch automatisch einen Vorschlag über die Weiterverwendung des Loses /WENG88, REIC88/.

Von großer Bedeutung ist in diesem Zusammenhang auch die Möglichkeit einer komfortablen Visualisierung der Meßergebnisse. Dies bedeutet im einfachsten Falle eine Kenntlichmachung von Grenzüberschreitungen durch invertierte Bildschirmdarstellung oder entsprechende Farbgebung der Ausgabe und ist bei komplexeren Auswertestrategien gekennzeichnet durch die Meßwertdarstellung in Wahrscheinlichkeitsnetzen oder in Form von Regelkarten.

3.2.1.4 Analyse und Dokumentation

Eine umfangreiche Erfassung von Daten aus der Qualitätsprüfung wäre wenig sinnvoll, wenn daraus nicht eine benutzerfreundliche Dokumentation und Analyse der erfaßten Daten resultieren würde /CUE 87/. Grundsätzlich läßt sich eine Weiterverarbeitung der Daten nach:

* der Art der Dokumentation (Darstellung),
* den Analyseformen,
* den Verdichtungsstrategien und
* der Art der Archivierung unterscheiden.

CAQ und Integration

Die heute wichtigste und wohl auch geläufigste Form der Dokumentation ist die Berichtschreibung. CAQ-Systeme unterstützen diese Tätigkeit durch Verwaltung von vorab definierten Formularen. Prüfergebnisse, z.B. von dokumentationspflichtigen Teilen, werden direkt in Form der Berichtsformulare aufbereitet und ausgedruckt (Erstmusterprüfbericht, Verwendungsnachweise). Noch komfortabler und flexibler gestaltet sich diese Form der Dokumentation, wenn das CAQ-System eine Schnittstelle zu gängigen Textverarbeitungssystemen bereit hält.

Zur Dokumentation mit Hilfe des Peripheriegerätes "Drucker" gehört auch das Erstellen von Listen. Unter dem Begriff "Listen" ist hier eine Vielzahl von Ausgaben zu verstehen. Eine Liste ist z.b. der Ausdruck aller aktiven Prüfpläne in Form der Prüfplannummer, der Teilenummer und des Herstellers. Listen sind aber auch schriftliche Dokumentation von z.b. Schwachstellenanalysen, die nach Grenzüberschreitungen, nach Häufigkeiten oder nach Zeiträumen durchgeführt werden. Da diese Form der Ergebnisdarstellung mit wachsender Zahl der Daten sehr schnell unübersichtlich wird, bieten CAQ-Systeme heute die Möglichkeit einer Graphikausgabe entweder auf dem Bildschirm, Plottern oder grafikfähigen Druckern an. Gängige Darstellungsformen sind hierbei Histogramme, Tortendiagramme, Korrelationsdarstellungen, Regelkarten und Darstellungen im Wahrscheinlichkeitsnetz, um nur einige zu nennen.

Um für diese Darstellungen entsprechendes Zahlenmaterial aufzubereiten, muß ein CAQ-System geeignete Analyse- und Auswertemodule bereithalten /ABEL88, NUER87, SCHM88/. Analysen von Daten aus der Qualitätsprüfung können in zwei Gruppen klassifiziert werden. Die eine Gruppe bildet die Berechnung von Kennzahlen, die andere Gruppe stellt Tests der erfaßten Daten dar /KANE89/. Zu den bekanntesten Kennzahlen zählen heute die Lieferantenbewertungen nach den Richtlinien des VDA (Verfahren 1 bis 3 /VDA 86a, FUEL88/) oder die Bestimmung von Fehleranteilen (in "%" oder "ppm"). Aus dem Bereich der statistischen Prozeßregelung sind in vielen CAQ-Systemen die Kennzahlen für die Maschinenfähigkeit (c_m, c_{mk}) und für die Prozeßfähigkeit (c_p, c_{pk}) berücksichtigt.

Häufig ist es notwendig, vor einer weiteren Verarbeitung von Meßwerten das Datenmaterial statistischen Tests zu unterziehen /JOHN79/. Systeme, die heute die statistische Prozeßregelung unterstützen, analysieren üblicherweise den Verlauf einer Regelkarte automatisch nach bestimmten Phänomenen, wie Run, Trend oder Middle Third.

Die Leistungsfähigkeit moderner CAQ-Systeme erlaubt es heute, in kurzer Zeit sehr große Datenmengen zu sammeln. Diese Datenmengen werden, wenn nicht geeignete Möglichkeiten einer Datenverdichtung zur Hand sind, sehr schnell unübersichtlich. Aus diesem Grund bieten alle CAQ-Systeme sowohl die Möglichkeit einer Datenverdichtung wie auch die Möglichkeit einer externen Archivierung nicht mehr aktuell zu nutzender Daten. Hierbei ist es von Bedeutung, daß sowohl die Archivierung wie auch die Verdichtung durch den Bediener im Dialog parametrierbar ist. Er muß bestimmen können, nach welchen Kriterien oder Basen (Zeit, Schlüsselbereiche oder Prüfaufgaben) eine entsprechende Aktion durchgeführt werden soll. Bei der Datenverdichtung bieten heute viele Systeme die Möglichkeit an, sowohl über eine Klassenbildung zu verdichten, wie auch über die Bildung von statistischen Parametern, die dann aber unterschiedliche Verteilungsformen berücksichtigen müssen. Die so verdichteten Daten werden nach Sicherung auf einem externen Medium (Band, optische Disk) aus dem aktuell verfügbaren Speicherbereich gelöscht. Wenn zu einem späteren

Zeitraum auf diese Daten zurückgegriffen werden muß, können die Daten von dem externen Medium wieder in den aktuellen Bereich zurückgespeichert werden.

3.2.2 Kategorisierung und Anwendungsbeispiele

Eine Kategorisierung der Systeme nach der benötigten Hardwareumgebung - das impliziert auch eine Beurteilung nach der quantitativen Potenz - läßt im ersten Ansatz die Bildung von drei Klassen zu.

3.2.2.1 CAQ auf dem Host-Rechner

Die erste Klasse bilden Systeme, die auf dem Hostrechner implementiert werden (Bild 3.4).

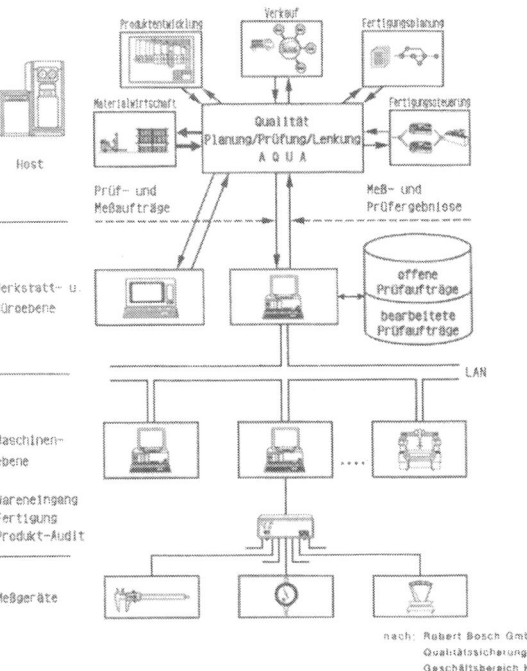

Ihr Leistungsspektrum ist geprägt durch Schwerpunkte im Bereich der planerischen und administrativen Tätigkeiten. Die Entscheidung für den Einsatz eines derartigen Systems wurde zumeist aus folgenden Beweggründen getroffen:

* Der EDV-Einsatz im Unternehmen ist zentral organisiert und erfolgt auch zentral.
* Ein System soll zumindest ein großes Werk, im allgemeinen aber mehrere Werke bedienen.
* Es gibt bereits andere kaufmännisch/technisch Anwendungen desselben Software-Herstellers, so daß eine System-Kopplung oder auch Datenintegration möglich ist.
* Man erwartet einen sehr hohen Verwaltungsaufwand (umfangreiches Mengengerüst)

Bild 3.4: "AQUA"-Anwendung bei der Robert Bosch GmbH, Werk Feuerbach

3.2.2.2 CAQ auf dem Leitrechner

Eine veränderte Situation findet man bei Systemen, die auf der konzeptionellen Basis des dedizierten Qualitätsrechners entstanden sind. Ihre Gesamtheit bildet die zweite Klasse (Bild 3.5).

CAQ und Integration 23

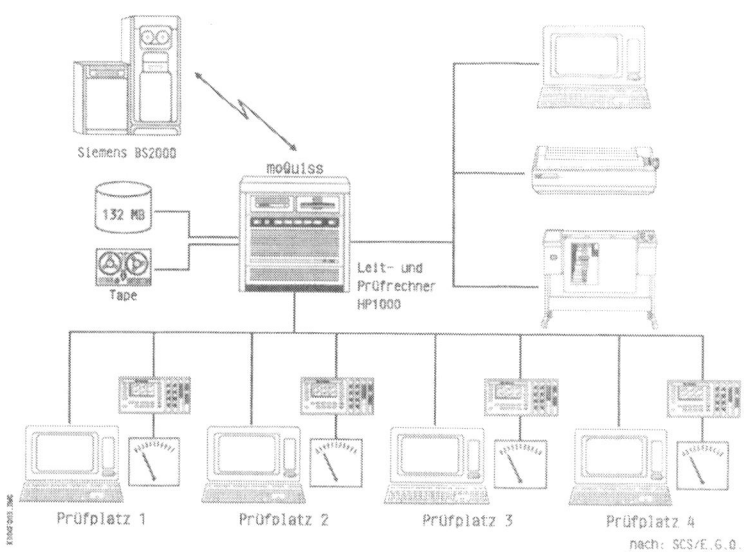

Bild 3.5: Leitrechnereinsatz in der Qualitätssicherung am Beispiel "moQuiss"

Diese Systeme weisen eine gute Anbindung an das direkte Fertigungsgeschehen unter Inkaufnahme einer problematischeren Einbindung in die gesamte EDV-Welt eines Unternehmens auf. Die Rechnerklasse, auf der diese Systeme lauffähig sind, wird häufig eingesetzt, um Meßmaschinen oder komplexe Laborapparaturen zu steuern. Eine entsprechende Nähe an die Erfassungsebene ist damit gegeben.

Alle Basisfunktionen des CAQ-Systems laufen auf dem Leitrechner ab. Einzig und allein bei der automatischen Meßwerterfassung kann eine Datenvorverarbeitung in speziellen Erfassungsperipheriegeräten stattfinden. Die manuelle Prüfdatenerfassung erfolgt jeweils an einem Terminal, genauso die dispositive Bearbeitung von Prüfaufträgen. Der Austausch von Kundenstamm- und Erzeugnisgrunddaten mit dem technisch kaufmännischen Hauptrechner des Unternehmens erfolgt im allgemeinen periodisch per DFÜ (Daten- Fern-Übertragung).

3.2.2.3 CAQ auf Personal Computern

Eine dritte Klasse stellen Software-Lösungen dar, die auf die Leistungsfähigkeit von Personal Computern abgestimmt sind. Sie sind im Normalfall Lösungen für einen organisatorisch, räumlich und bezüglich des Anforderungsvolumens klar definierten Anwendungsfall und zeichnen sich durch eine besonders flexible Anpassung und Anbindung an unterschiedliche Meßperipherien aus. In dieser Klasse ist zur Zeit ein überproportional starkes Wachstum zu verzeichnen, seitdem in den letzten Jahren, forciert durch die Automobilindustrie, die Methoden der "statistischen Prozeßregelung" eine Renaissance erfahren. Mittlerweile existieren zahlreiche SPC-Lösungen (SPC = Statistical Process Control; das englische Akronym für statistische Prozeßregelung), bei denen man ein längeres Bestehen am Markt vermuten kann. Hier weist die Entwicklung weg von der Ein-Platz-Lösung hin zu vernetzten Systemen (Bild 3.6).

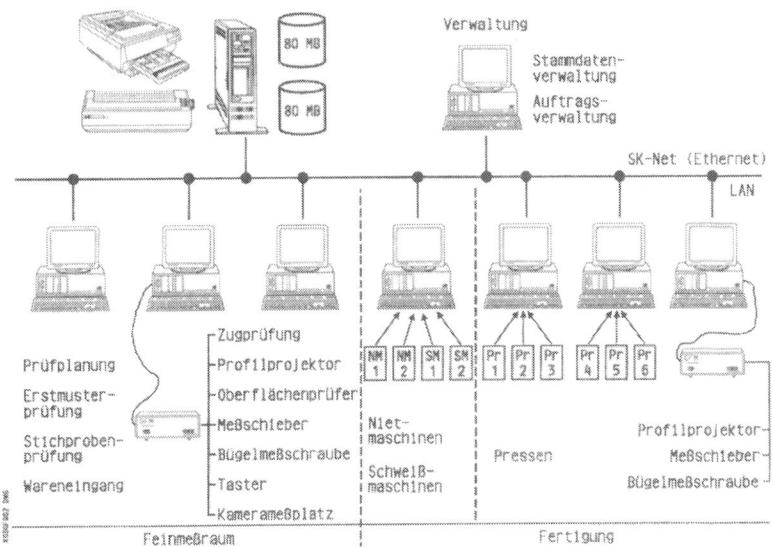

Bild 3.6: Vernetzte PC in der Qualitätssicherung am Beispiel QUAPS-N

3.3 Die Rolle der Qualitätssicherung in CIM-Modellen

Unter CIM (Computer Integrated Manufacturing) versteht man die Zusammenfassung und Integration aller rechnerunterstützten Funktionen eines Industriebetriebes. Kennzeichnend ist, daß nicht nur die auf Ebenen beschränkte horizontale Durchgängigkeit der Informationsweitergabe gesucht wird, sondern als zusätzliches Element eine vertikale Verbindungskomponente auftritt. Die Infrastruktur von CIM-Modellen ist dabei durch zwei Hauptachsen geprägt. Neben einer organisatorisch administrativen Säule, die heute maßgeblich durch PPS-Systeme repräsentiert ist, tritt als zweite eine technische Säule hinzu, die CAD und CAM-Anwendungen aufnimmt. Auf der Fertigungsebene agieren unterschiedliche Erfassungssysteme wie: Maschinendatenerfassung, Betriebsdatenerfassung, Maschinensteuerungseinrichtungen und Qualitätsdatenerfassung. Vergleicht man unterschiedliche CIM-Modelle, wie z.B. das Modell des Ausschusses für wirtschaftliche Fertigung (AWF) oder das Modell von Scheer, so fällt auf, daß eine CAQ-Komponente nur geringe Berücksichtigung findet. CAQ in CIM heißt hier Qualitätsprüfung. In diese Modelle wurde eine Vorstellung von Qualitätssicherung abgebildet, die schon seit Anfang der 60er Jahre als überholt gelten darf. Nicht nur, daß CAQ keinerlei Funktionen einer fehlervermeidenden Qualitätssicherung anbietet, man ordnet zudem diese Funktionalität einzig und allein dem technischen Bereich zu, als ob es einzig und allein darum ginge, die Erfüllung der fertigungstechnischen Vorgaben sicherzustellen.

3.3.1 Auslösende Faktoren und Stand der Entwicklung

Die rechnerintegrierte Produktion (CIM) wird als strategisches Automatisierungskonzept viel diskutiert.

Bisherige Fabrikstrukturen sind auf die Dauer der steigenden Dynamik der Marktanforderungen nicht gewachsen. Markante Eckpunkte der Entwicklung sind dabei kundenspezifische, variantenreiche Produktdefinitionen, kürzere Innovationszyklen und verkürzte Produktlebenszeiten (Bild 3.7).

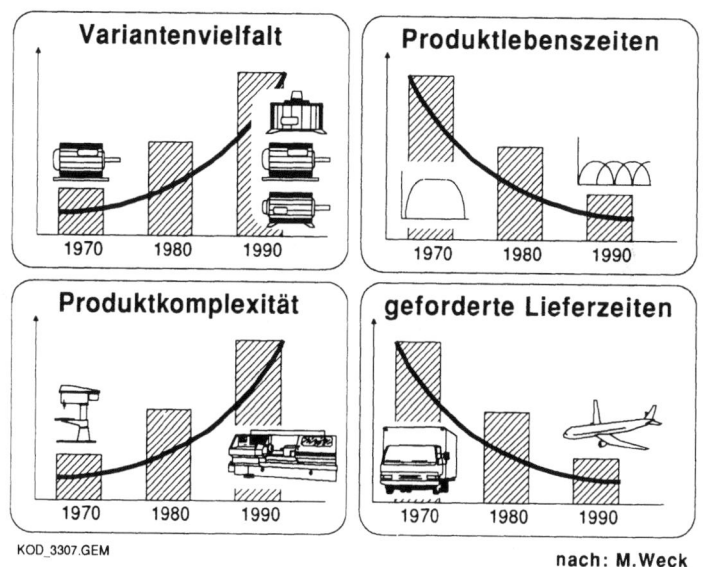

Bild 3.7: Notwendigkeit flexibler Produktionstechnik

Steigende Komplexität der Produkte steht der Forderung nach kürzeren Lieferzeiten zunächst konträr gegenüber /WECK88/. Dies und der Trend zu kleineren Fertigungslosgrößen erfordert in zunehmendem Maße Flexibilität zur Sicherung der betrieblichen Rentabilität. Im klassischen Sinne führt dies zu einem Rationalisierungsdilemma /SCHO89, HIRS86/.

Einen Ausweg aus diesem Dilemma stellt das Konzept der rechnerintegrierten Produktion dar. Die Information ist als wesentlicher Produktionsfaktor - neben den drei klassischen Produktionsfaktoren Mensch, Maschine, Material - erkannt worden /BONS89/.

In der Vergangenheit konzentrierten sich die Rationalisierungsbemühungen auf die Automatisierung der Fertigung. Heute jedoch versucht man zunehmend den rechnergestützten, informationsverarbeitenden Teil der Produktion zu rationalisieren. Möglich geworden ist dies durch den technischen Wandel mit seinen Auswirkungen auf die Produkt- und Prozeßinnovation und insbesondere durch die Angebote an neuer Informations- und Kommunikationstechnik.

Die rechnerintegrierte Produktion beinhaltet im engeren Sinne die Verknüpfung getrennt arbeitender produktionsnaher Bereiche wie Entwicklung und Konstruktion, Planung, Fertigung und Qualitätssicherung durch deren EDV-technische Werkzeuge. Zum einen betrifft dies Systeme, die im Schwerpunkt geometrisch/technologisch orientierte Informationen zu Objekten verwalten,

CAD - Computer Aided Design,
CAP - Computer Aided Planning,
CAM - Computer Aided Manufacturing und
CAQ - Computer Aided Quality Assurance

und zum anderen betrieblich/organisatorisch ausgerichtete Systeme, vor allem:

PPS - Produktionsplanung und -steuerung.

Tendenzen der CAQ Entwicklung (Prüfplanung, Prüfsteuerung) zeigen, daß derartigen Systemen zukünftig Komponenten aus beiden Kategorien zugeordnet werden können.

Die aktuelle Situation ist dadurch gekennzeichnet, daß bereits in vielen Unternehmen mehrere rechnergestützte Systeme im Produktionsprozeß eingesetzt werden. Die Auswahl und der Einsatz der Systeme zielte bisher primär auf die optimale Unterstützung bei der Durchführung spezifischer Aufgabenstellungen. Dadurch sind in den Unternehmen heterogene Hard- und Softwareumgebungen mit vielen Inselsystemen entstanden. Seit circa zwanzig Jahren versucht man zum Beispiel mit PPS-Systemen, die technische Auftragsabwicklung zu beschleunigen. Seit ebenfalls fast zwanzig Jahren übernehmen numerische Steuerungen die Abwicklung der Arbeitsprozesse in Werkzeugmaschinen. Seit nunmehr fast zehn Jahren werden Rechner ebenfalls zur Leistungssteigerung der Konstruktionsarbeit (CAD) eingesetzt.

Die Hauptaufgabe zur Umsetzung des Konzepts der rechnerintegrierten Produktion in die Praxis besteht also einerseits in der Verknüpfung zwischen betrieblich-organisatorischem und geometrisch/technologisch orientierten Bereichen und andererseits in der Verknüpfung der CA-Systeme des geometrisch/technologich orientierten Bereichs untereinander. Bild 3.8 verdeutlicht dabei die wesentlichen Informationsflüsse zwischen den einzelnen Bereichen eines Unternehmens, wie sie von Kommission CIM im DIN für die Normungsarbeit zugrunde gelegt wurden.

CAQ und Integration

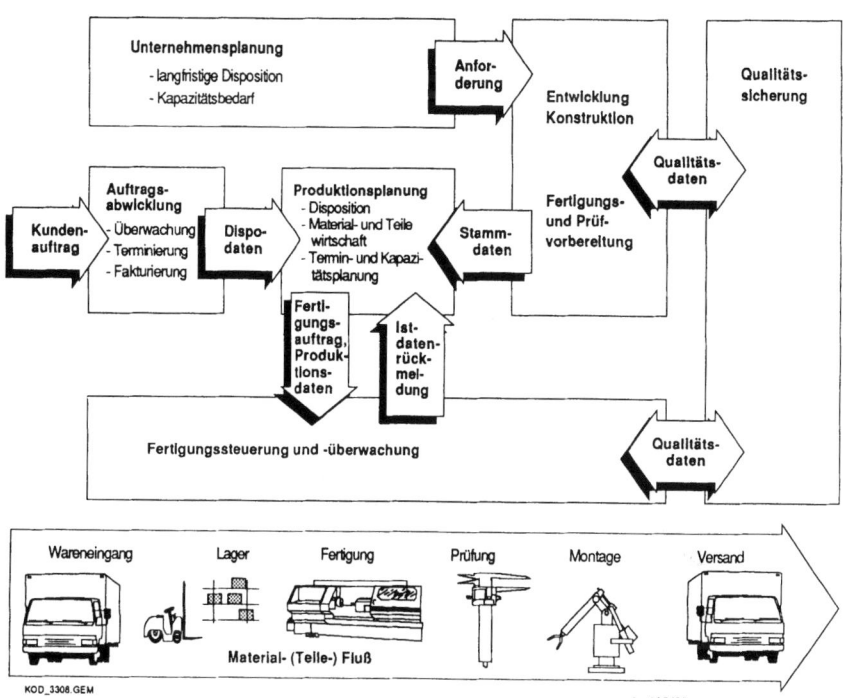

Bild 3.8: Funktionen, Informations- und Materialfluß in einem Unternehmen

3.3.2 Komponenten der rechnerintegrierten Produktion

Im folgenden werden die einzelnen Komponenten der rechnerintegrierten Produktion in Anlehnung an die Empfehlung des Auschuß für Wirtschaftliche Fertigung e.V. (AWF) erläutert /AWF 85/.

3.3.2.1 PPS

Die Produktionsplanung und -steuerung (PPS) ist eines der primären Anwendungsgebiete der elektronischen Datenverarbeitung. Bereits seit Jahrzehnten sind PPS-Systeme bekannt und wickeln zur Zeit bei typischen Industrieunternehmen rund sechzig Prozent der Transaktionen der gesamten Informationsverarbeitung ab /SCHE90/.

PPS-Systeme dienen als übergeordnetes Instrument zur organisatorischen Planung, Steuerung und Überwachung der Produktionsabläufe aufgrund von Mengen-, Termin- und Kapazitätsaspekten. Man unterscheidet dabei die Hauptfunktionen:

* Produktionsprogrammplanung,
* Mengenplanung und
* Termin- und Kapazitätsplanung

auf der Planungsseite sowie

* Auftragsveranlassung und
* Auftragsüberwachung

auf der Steuerungsseite. Ausgehend von der Auftragskonstruktion und den Arbeitsplanungsdaten erzeugt und verwaltet das PPS-System somit Auftragsdaten der anschließenden Fertigung und übernimmt die Organisation und Steuerung des eigentlichen Produktionsprozesses /HACK85/ (Bild 3.9).

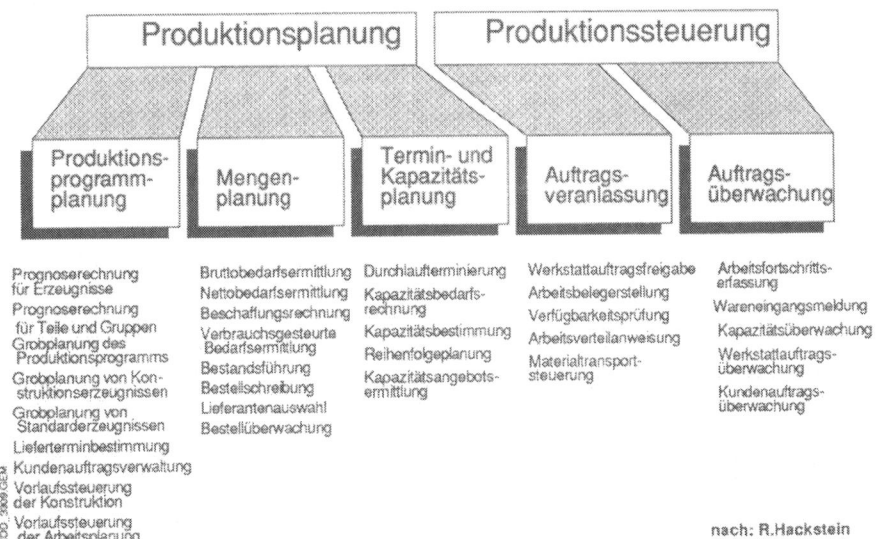

Bild 3.9: Aufgaben der Produktionsplanung und -steuerung

Die Produktionsprogrammplanung bestimmt für die prognostizierten und eingegangenen Kundenaufträge in Abstimmung mit den zur Verfügung stehenden Produktionskapazitäten und Betriebsmitteln folgende Daten:

* Festlegung und Identifikation der Produkte, die innerhalb des Planungszeitraumes zu fertigen sind,
* Bestimmung der jeweiligen Mengen für die einzelnen zu fertigenden Produkte und
* Berechnung der jeweiligen Zeiträume für die Produktion der vorgesehenen Produkte /ABEL90/.

CAQ und Integration 29

Aus diesen Daten der Produktionsprogrammplanung und den Daten der momentan vorliegenden Aufträge ergibt sich ein Auftragsprogramm mit einer detaillierten Angabe von Mengen, Terminen und Kapazitäten.

Als Basis der Termin- und Kapazitätsplanung dienen die Daten aus der Primärbedarfserrechnung, aus den Betriebsmitteldateien sowie die von der Arbeitsplanung erzeugten Arbeitspläne. Aus dem Abgleich dieser Daten unter Berücksichtigung der zur Verfügung stehenden Kapazitäten der Bearbeitungsstationen und des genauen Zeitplanes für die einzelnen Fertigungsstufen ergeben sich Fertigungsaufträge mit gesicherten Termin- und Kapazitätsangaben.

Nach Prüfung des verfügbaren Materials und der zur Verfügung stehenden Betriebsmittel durch die Auftragsveranlassung werden diese Aufträge dann in die Fertigung weitergereicht.

Die Auftragsüberwachung erfaßt und überwacht nun den jeweiligen Bestand aller Aufträge. Als Organ hierzu dient die Betriebsdatenerfassung (BDE). Sie meldet an den einzelnen Stufen des Fertigungsprozesses alle Zustandsdaten des jeweiligen Produktionsabschnittes. Hierbei werden im einzelnen:

* auftragsbezogene Daten,
* maschinenbezogene Daten,
* mitarbeiterbezogene Daten und
* materialbezogene Daten erhoben.

Bild 3.10 verdeutlicht noch einmal den geschilderten Ablauf der einzelnen Stufen eines Produktionsplanungs- und -steuerungssystem.

Im Bereich der produktionsvorbereitenden Funktionen werden zum einen CAD-Systeme und zum anderen CAP-Systeme eingesetzt.

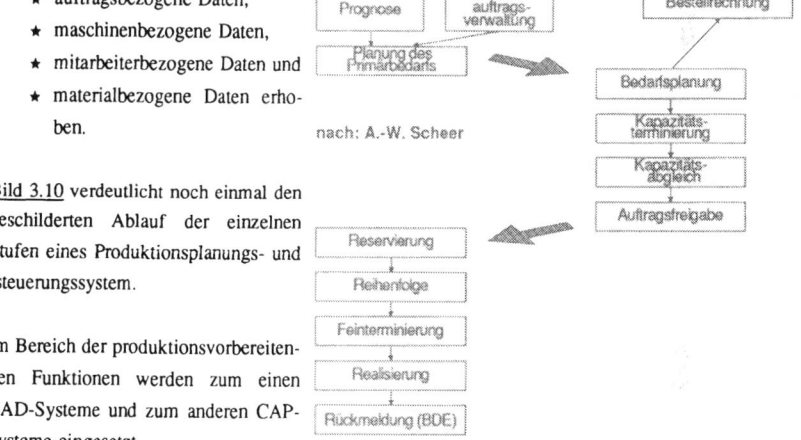

nach: A.-W. Scheer

Bild 3.10: Stufenkonzept zur Auftragsbearbeitung

3.3.2.2 CAD

CAD-Systeme unterstützten die Entwicklungs- und Konstruktionstätigkeiten und sind als Oberbegriff für DV-Programme zu verstehen, die Geometriedaten sowie mit der Geometrie verbundene alpha-numerische Daten erzeugen und verarbeiten, verwalten und speichern können /MISK88/.

Der Rechnereinsatz in der Konstruktion muß sich in erster Linie an den unterschiedlichen Phasen des Konstruktionsprozesses orientieren. Man unterscheidet die Phasen:

* Konzipierung
* Gestaltung
* Detaillierung
* Ausarbeitung

Dabei ist die Intensität der Computerunterstützung in den beiden Phasen Gestaltung und Detaillierung am höchsten, während sie bei der Konzipierung eines neuen Produktes gering ist /SCHE90/.

Stand Anfang der sechziger Jahre die reine Zeichnungserstellung im Vordergrund, so haben sich jedoch die Software, die Bedienung sowie die Darstellungstechnik von graphischen Objekten derart vervollständigt, daß CAD heute immer mehr über alle Bereiche der Ausarbeitungsphase eingesetzt wird.

Zu den ursprünglichen 2D-Zeichnungsmodellen sind die 3D- Drahtmodelle, 3D-Flächen- und Volumenmodellierer hinzugekommen, mit denen man komplizierte geometrische und räumliche Darstellungen von Werkstücken, Anlagen, Leiterplatten usw. graphisch interaktiv generieren und manipulieren kann.

Voraussetzung für eine umfassende Unterstützung der einzelnen Konstruktionsphasen durch CAD sind eine ausreichende Informationsbereitstellung sowie die Berechnung und Auswertung technologischer Daten. Zur rechnergestützten Informationsverarbeitung gehört die Erstellung einer großen Zahl von Dateien über Geometrie-, Technologiedaten und teils auftragsbezogener, teils organisatorischer Daten, die in direkter Abhängigkeit zu den graphischen Darstellungen der Modelle und Ausarbeitungen stehen /ABEL90/.

An der Benutzerschnittstelle zwischen Konstrukteur und EDV-System werden besonders geeignete Instrumente wie Grafiktablett, Lichtgriffel oder Maustechnik eingesetzt. Da ein hochauflösender Bildschirm zur Verfügung stehen muß, hat sich frühzeitig der Einsatz von Arbeitsplatzrechnern (Workstations) durchgesetzt. Sie übernehmen auch mehr und mehr die CAD-Verarbeitungsfunktionen, wie Bildaufbereitung und auch die Unterstützung des Konstruktionsvorgangs selbst, während auf einem Großrechner dann nur noch die Verwaltung der Geometrie- und Stücklistendaten angesiedelt ist.

3.3.2.3 CAP

CAP-Systeme werden im Bereich der Arbeitsplanung eingesetzt. Ihr Leistungsspektrum ist eng mit den Arbeitsergebnissen der Konstruktion verbunden. Innerhalb der Integration im Rahmen von CIM kommt der Bereitstellung von Geometrie und Stücklisten dabei eine hohe Bedeutung zu. Unter CAP-Systemen faßt man alle EDV-Werkzeuge zusammen, die die Planung der Arbeitsvorgänge und der Arbeitsvorgangsfolgen wie auch die Verfahrens- und Betriebsmittelauswahl zur Herstellung der Objekte unterstützen. Nicht zu vergessen ist aber auch die rechnergestützte Generierung von Steueranweisungen für computergesteuerte Produktionsanlagen, NC-Programmierung. Eine Übersicht über die einzelnen EDV-unterstützten Funktion der Arbeitsplanung zeigt Bild 3.11.

Arbeitsablaufplanung
- Erstellung auftragsneutraler Arbeitspläne
- Erstellung auftragsbezogener Arbeitspläne
- Kostenkalkulation
- Varianten-/Ähnlichkeitsplanung
- ...

Prozeßplanung
- NC-Programmierung
- Vorgabezeitermittlung
- Maschinenauswahl
- Betriebsmittelauswahl
- Erstellen der Fabrikationsunterlagen

Stücklistenverarbeitung

Normung/Standardisierung

nach: F.M. Miska

Bild 3.11: Beispielhafte Einzelwerkzeuge innerhalb der Arbeitsplanung

3.3.2.4 CAM

Der Einsatz von CAM-Systemen bezieht sich auf den Bereich der fertigungsausführenden Funktionen. Die Aufgabe liegt hier in der technischen Steuerung und Überwachung der Betriebsmittel bei der Herstellung der Produkte, also der Funktionen

* Fertigen, (Montieren),
* Handhaben,
* Transportieren und
* Lagern /SCHO89/.

Dabei kann es sich um einzelne CNC-Maschinen (Computerized Numerical Control) oder um mehrere durch einen Leitrechner numerisch gesteuerte Fertigungseinrichtungen, sogenannte DNC-Systeme (Distributed Numerical Control) handeln. Weitere CAM-Werkzeuge können Industrieroboter (IR), automatisierte Handhabungssysteme (AMH), elektronisch gesteuerte Hochregallager oder flexible Transportsysteme (FTS) sein. Von flexiblen Fertigungszellen (FFZ) oder gar von flexiblen Fertigungssystemen (FFS) spricht man, wenn obengenannte Teilkomponenten in direkter Zusammenwirkung stehen. Bild 3.12 zeigt die Entwicklungsstufen von der NC-Maschine zum flexiblen Fertigungssystem.

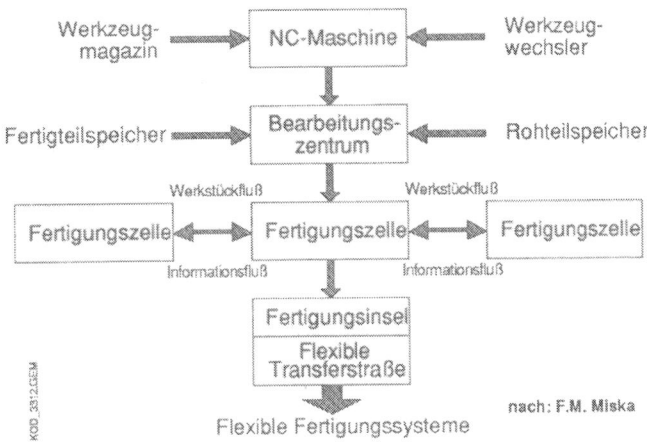

Bild 3.12: Entwicklungsstufen von der NC-Maschine zum flexiblen Fertigungssystem

3.3.2.5 CAQ

Ein Überblick zum Entwicklungsstand von CAQ wurde bereits zu Beginn dieses Kapitels gegeben und soll an dieser Stelle nicht noch einmal aufgegriffen werden. Stattdessen soll die Frage erörtert werden, in welchem Maß CAQ heute Berücksichtigung in CIM-Konzepten findet. Derartige Konzepte sind nicht nur aus dem Hochschulbereich bekannt, sie gehören mittlerweile beinahe zum Pflichtrepertoire eines jeden größeren Soft-

und Hardware-Anbieters. Darstellungen der verschiedenen Modelle sind bereits in einigen Synopsen veröffentlicht /KRAL90, GEIT91/.

In den Anfängen der CIM-Entwicklung fand Qualitätssicherung keine oder nur eine stark untergeordnete Berücksichtigung. Rechnerintegrierte Produktion repräsentierte einen Top-Down-Ansatz, der die betriebswirtschaftlichen und einen Teil der technischen Funktionen eines Unternehmens miteinander koppelt. Stillschweigend wurde vorausgesetzt, daß die operative Ebene in der Lage ist, alle Vorgaben in der erwarteten Form zu realisieren. Mit der Erkenntnis, daß mit einem derartigen Verständnis von Integration sich zwar die Geschäftsziele "Kosten" und "Zeit" verfolgen lassen, der technische Erfüllungsgrad der hergestellten Erzeugnisse aber nicht befriedigend beschrieben werden kann, findet auch die Komponente CAQ (Computer Aided Quality Assurance) erste Berücksichtigung in CIM-Modellen. Vielfach wird dabei der Begriff der Qualitätssicherung auch heute noch synonym mit dem Begriff der Qualitätsprüfung, häufig noch weiter beschränkt im Sinne einer Qualitäts"kontrolle" verwendet. Stellvertretend für viele kann hier SCHEER genannt werden, der in der Darstellung seines CIM-Konzeptes dem Thema "CAQ" gerade eine halbe Seite (von gesamt 190 Seiten) widmet /SCHE90/.

Die sowohl vertikale (vom Marketing bis zum Vertrieb) als auch horizontale (vom Wareneingang bis zum Versand) Querschnittsfunktion macht es schwer, die Qualitätssicherung in funktions- und bereichsorientierten Modellen zu positionieren.

SCHREUDER und UPMANN haben dieses Dilemma erkannt, schlagen aber einen falschen Weg ein, indem sie "Qualitätssicherung" durch "Qualitätswesen" ersetzen /SCHR88/. Alle Aufgabenstellungen der Qualitätssicherung, die rechnerunterstützt ablaufen sollen, auf einen (Stabs-)Bereich Qualitätswesen zu beschränken, erschafft zwar einen "CIM-kompatiblen" Funktionsbereich, widerspricht aber gänzlich der Idee der verteilten Qualitätsverantwortung (Qualität erzeugen, nicht erprüfen).

Eine vergleichbare Situation findet sich bei den CIM-Konzepten großer Informatikunternehmen /GEIT91/. Qualitätssicherung in derartigen CIM-Modellen, daß heißt CAQ-Anwendung, findet in der Fertigungsebene statt. Für moderne Qualitäts-Philosophien ist dies sicherlich ein unbefriedigender Ansatz und es ist vermutlich keine unzulässige Spekulation, wenn man erwartet, daß die Komponente "CAQ" in naher Zukunft einen breiteren Raum in derartigen CIM-Modellen einnehmen wird.

Mit der ersten Berücksichtigung der Software-Applikation "CAQ" wurde aber deutlich, daß die rechnergestützte Qualitätssicherung oder aber auch nur die rechnergestützte Qualitätsprüfung einen Beitrag zu der gemeinsamen, integrierenden Datenbasis eines CIM-Systems liefern kann und liefern muß /PFEI91/.

3.4 Produkt- und Produktionsmodell aus Sicht der Qualitätssicherung

3.4.1 Produktmodelle in technischen Informationssystemen

Mit der Entwicklung moderner Datenbanksysteme wurden die Voraussetzungen geschaffen, auch komplexe Abbildungen der Wirklichkeit eines Unternehmens in Form unterschiedlicher Modelle informationstechnisch zu beschreiben und auf dem Rechner abzubilden (Bild 3.13).

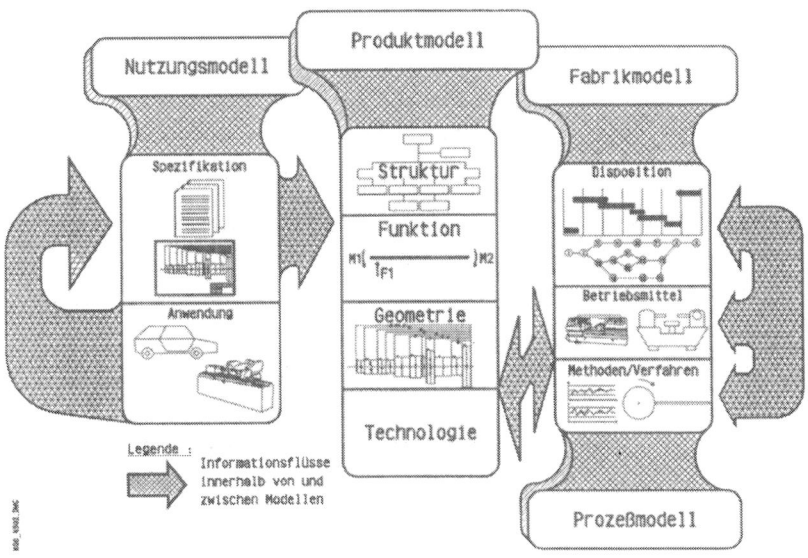

Bild 3.13:   Informationstechnische Integrationsmodelle

Hierzu zählt auch die Entwicklung und Realisierung von Produktmodellen. Der Begriff des Produktmodells ist nicht einheitlich definiert. Es lassen sich aber bei aller Individualität einzelner Modellierungsansätze Gemeinsamkeiten herausfiltern, die für alle Produktmodelle kennzeichnend sind.

In erster Linie soll das Produktmodell alle expliziten Merkmale eines Produktes abbilden. Implizite Merkmale können nicht bzw. erst nach einer entsprechenden Transformation in explizite Merkmale durch ein Produktmodell dargestellt werden. Bezüglich des Faktors Qualität ist damit bei Produktmodellen eine wichtige Einschränkung getroffen worden. In der ISO-Norm 8402 /ISO 90/ wird bei der Definition des Begriffes *"quality"* von *"stated and implied needs"*, also von festgelegten und vorausgesetzten Anforderungen gesprochen. Ein Produktmodell kann nur die festgelegten Forderungen an das Produkt aufnehmen.

Im weiteren muß ein Produktmodell den Konstrukteur in den vier Phasen des Konstruktionsprozesses "Planen", "Konzipieren", "Entwerfen" und "Ausarbeiten", wie sie in der VDI Richtlinie 2222 beschrieben sind, unterstützen. Dies betrifft nicht nur die Speicherung und Wiedergabe der im Dialog eingegebenen Daten und Informationen, sondern meint auch eine Unterstützung bei dem Zugriff auf Informationen vorangegangener Planungsphasen und bei dem Rückgriff auf bereits vorhandene Lösungen (z.B. Wiederholteilsuche) /VDIR85/. Es darf daher nicht verwundern, daß frühe Produktmodelle eine große Nähe zu CAD-Systemen erkennen lassen und im Kern Geometriedaten zum Produkt bereitstellen, die dann sukzessive um organisatorische oder technologische Merkmale erweitert wurden /SEIL85/.

Mit der Forderung nach einer integrierten, redundanzfreien Datenhaltung mußten Produktmodelle aber auch Informationen für Unternehmensbereiche wie Arbeitsplanung, Fertigungplanung, Montage oder Service zur Verfügung stellen. Dies führte zur Entwicklung von strukturorientierten Produktmodellen. Wurden bei geometrieorientierten Produktmodellen Daten und Informationen, die nicht direkt den Konstrukteur bei seiner Arbeit unterstützten durch Verweise bzw. als reine Textinformation dargestellt, so stellen strukturorientierte Produktmodelle ein Datenmanagementsystem dar, das bei Abfragen einen Zugriff auf unterschiedliche, applikationsfremde Datenspeicher organisiert (Bild 3.14).

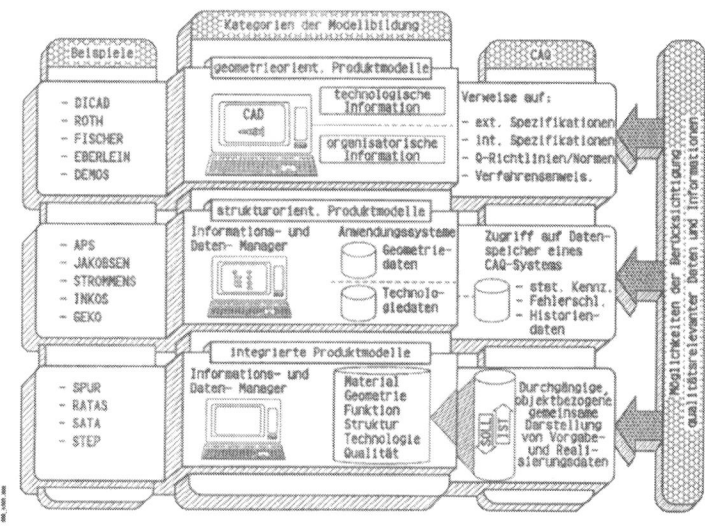

Bild 3.14: Kategorien von Produktmodellen und Möglichkeiten der Berücksichtigung qualitätsrelevanter Daten und Informationen

Für diese Leistung wird ein sogenanntes "intelligentes" Verwaltungssystem benötigt. Die "Intelligenz" besteht darin, daß das System Kenntnisse über die spezifischen Speicherformen und Datenformate der individuellen Applikationen, auf die es zugreift, hat.

Ein dritter Typ von Produktmodellen, der zugleich Gegenstand neuerer Forschungsaktivitäten ist, läßt sich unter dem Begriff der integrierten Produktmodelle zusammenfassen (Bild 3.15).

Im Gegensatz zu den strukturorientierten Produktmodellen, die noch auf Datenbestände unterschiedlicher Applikationen zugriffen, geht man hierbei von einer einheitlichen Datendarstellung in einem holistischen Modell aus, auf das dann unterschiedliche Unternehmensbereiche zur Informationsbeschaffung zugreifen /SPUR89/.

Gemeinsames Merkmal aller Produktmodelle ist die Tatsache,

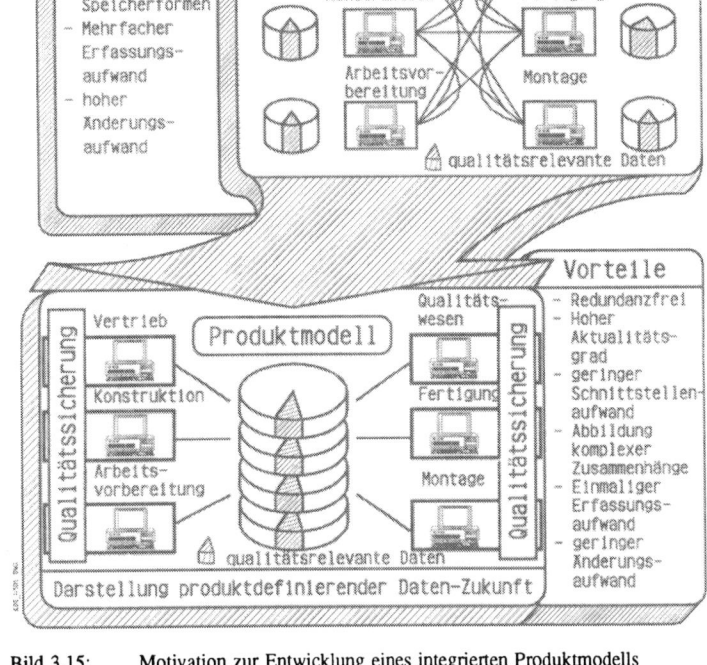

Bild 3.15: Motivation zur Entwicklung eines integrierten Produktmodells

daß ihre Komplexität die Bildung von Partialmodellen notwendig macht. Unbenommen individueller Ausprägungen lassen sich zwei Aussagen zu diesen Partialmodellen treffen.

1. Fast alle Produktmodelle beinhalten Strukturmodelle, Funktionsmodelle, Geometriemodelle und Technologiemodelle.

2. Ein dediziertes Qualitätsmodell existiert in den Produktmodellen nicht.

Die Forderung nach einer redundanzfreien Datenhaltung bedingt, daß Partialmodelle bezüglich ihrer Objektmengen zueinander disjunkt sind. In der Sprache der Mengenlehre bedeutet dies, daß die Schnittmenge der Objekte mehrerer Partialmodelle eine Leermenge ist /ANDE89/. Die Verbindung der Partialmodelle wird über

CAQ und Integration

Relationen ermöglicht, die im Gegensatz zu den Objektmengen bezogen auf die Partialmodelle konjunkt sind /RAD 86/. Diese Eigenschaft der Partialmodelle wirft bezüglich Abbildung qualitativer Eigenschaften eines Produktes die Frage auf, ob für Aufgaben der Qualitätssicherung Produktmodelle um eine Partialmodell "Qualität" zu ergänzen sind, ob damit Qualität als eigenständiges Objekt definiert werden kann, oder ob Qualität im Sinne einer Eigenschaft Teil der Attributsmengen einzelner Entitäten werden muß. Diese Frage soll im Kapitel 5 aufgegriffen werden.

Im Rahmen der wissenschaftlichen Arbeiten wurde am Laboratorium für Werkzeugmaschinen und Betriebslehre der RWTH Aachen repräsentative Produktmodelle aus den oben genannten drei Kategorien untersucht und bezüglich ihrer Eigenschaften bewertet.

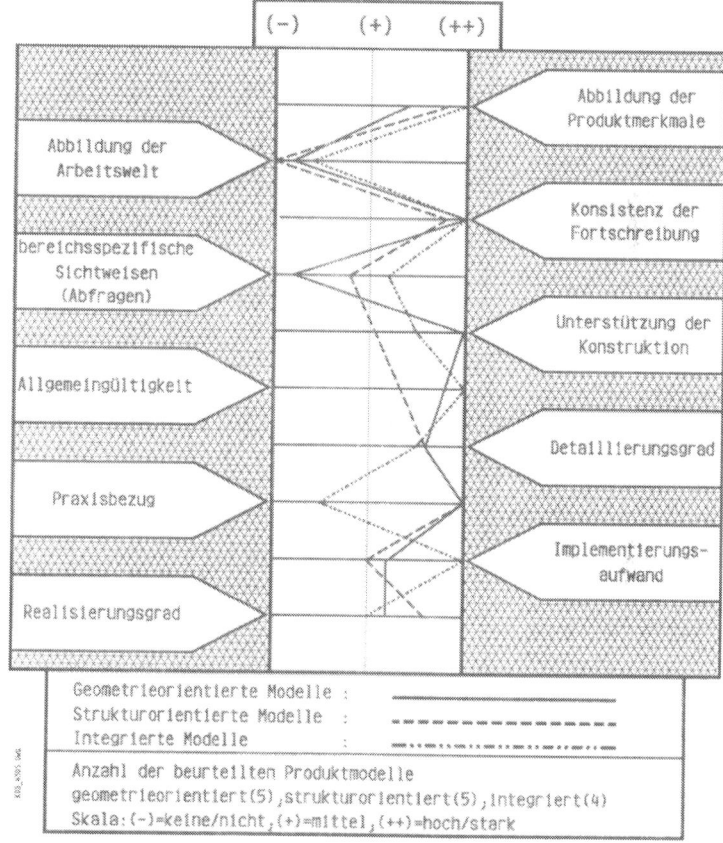

Bild 3.16: Beurteilungsprofil verschiedener Produktmodelle

Das Modell DICAD /SEIL85, ANDE85, WEIC85/, das Produktmodell nach Roth /ROTH86/, das Modell DEMOS /EVER88/, das Modell PHIDAS und das Modell nach Eberlein /EBER84/ waren typische Vertreter für **geometrieorientierte Produktmodelle**. Zu den **strukturorientierten Produktmodellen** zählen das "Product Structure and Data Model" (PSDM) nach APS (Advanced Production Systems) /GROS87/, das Modell nach Jacobsen /JAKO85/, das Produktmodell nach Strommens-Vaerksted /LIEN87/, das Produktdatenmodell nach INKOS /GROS90/ und das Modellierungswerkzeug GEKO /BAUE88/. Die **integrierten Produktmodelle** wurden durch das Modell nach SPUR, KRAUSE /KRAU88/, das Modell RATAS /BJOE89/,das Produktmodell nach Sata, Kimora /SUZU88/ und das Produktmodell in STEP /GRAB89, ANDE89/ repräsentiert. Anhand von zehn Bewertungskriterien erfolgte ein Vergleich dieser unterschiedlichen Konzepte (Bild 3.16).

Es zeigt sich, daß alle Modelle bei zwei Kriterien (Abbildung der Arbeitswelt, Abfragen aus bereichsübergreifender Sichtweise) deutliche Schwächen aufzeigen. Damit muß man feststellen, daß Hauptfunktionen der modernen Qualitätssicherung (Querschnittsfunktionen und Beurteilung von Forderungserfüllungen) durch heutige Produktmodelle nicht oder nur unzureichend berücksichtigt werden. Eine Ausweitung dieser Modelle auf den Faktor Qualität bedeutet, daß diese Modelle in besonderem Maße um Anteile ergänzt werden müssen, die Aussagen zu wirklichen Bedingungen des Fertigungsgeschehens machen. Der in diesen Modellen verankerte Top-Down-Ansatz muß durch einen Bottom-Up-Informationsfluß ergänzt werden, der z.B. Aussagen über die Realisierungspoteniale der eingesetzten Betriebsmittel bzw. der bislang gefertigten Erzeugnisse beinhaltet. Gelingt hierbei eine entsprechend flexible Strukturierung der Informationen, so werden diese erweiterten Produktmodelle auch bereichsübergreifende Anfragen, z.b. der Art: "Mit welchem Fertigungsmittel ist ein bestimmtes Erzeugnismerkmal mit geforderter Sicherheit zu realisieren?" besser bedienen können.

3.5 CAQ in der CIM-Normung

Die Kommission Computer Integrated Manufacturing (KCIM) im DIN beschrieb 1987 den Handlungsbedarf für CIM-Schnittstellen und führte eine Standortbestimmung der laufenden Normungsaktivitäten durch /KCIM87/. Zu Beginn dieser Untersuchung stand die Frage, welches Beschreibungsverfahren den innerbetrieblichen und überbetrieblichen Informationsfluß in der der Aufgabenstellung gemäßen Form darstellt. Ausgehend von der Feststellung, daß allgemein anerkannte CIM-Referenzarchitekturen in den nächsten Jahren nicht zur Verfügung stehen werden, beschloß man die Arbeiten an zwei Modellen zu orientieren, dem Produktmodell und dem Produktionsmodell.

Das Produktmodell beschreibt dabei den durchgehenden Daten- bzw. Informationsfluß bezüglich eines Produktes vom Vertrieb bis zum Versand. Das Produktionsmodell beschreibt die funktionalen Zusammenhänge innerhalb einzelner Unternehmensbereiche. Zusätzlich wurde im weiteren noch zwischen einem funktionsorientierten und einem objektorientierten Informationsfluß unterschieden. Als Objekte wurden in diesem Rahmen Produkte, Aufträge und Betriebsmittel definiert. Schon hier wird die "Sonderstellung der Qualitätssicherung im Gesamtrahmen der Produktion" ausdrücklich festgestellt /KCIM87; S.43/.

Die Schwierigkeiten, die sich bei der Eingliederung der Qualitätssicherung in diese beiden Modelle ergaben, resultieren aus den veränderten Vorstellungen zum Aufgabenbereich und der Präsenz der Qualitätssicherung in einem produzierenden Unternehmen. Nach dem modernen Verständnis der Qualitätssicherung kann diese nicht mehr nur als ein in sich abgeschlossener, eigenständiger Funktionsbereich eines Unternehmens (wie z.B.

Marketing, Vertrieb, Entwicklung oder Konstruktion) definiert werden, der über zu standardisierende Schnittstellen an seinen Bereichsgrenzen mit anderen Funktionsbereichen Kommunikationsbeziehungen aufbaut. Qualitätssicherung ist Querschnittsfunktion, ist Teilfunktion aller Unternehmensfunktionen und wird deshalb in derartigen Modellen immer in zwei Erscheinungsformen sichtbar. Zum einen als Qualität des Ergebnisses einer Funktion und zum anderen als Qualität der Ausführung einer Funktion.

Die aufgezeigte Sonderstellung der Qualitätssicherung entspringt also nicht besonderen Aufgaben oder Funktionen, sondern ihrer Systemimmanenz, der Existenz von qualitätsrelevanten Daten sowohl in den funktionsorientierten (Qualität der Ausführung) als auch den objektorientierten Datenflüssen (Qualität der Ergebnisse und Mittel). Der Fachbericht 15 der KCIM im DIN versucht trotz der oben skizzierten Widrigkeiten den Informationsfluß im Umfeld der Qualitätssicherung durch Schnittstellen zu kanalisieren. Hierbei wird das Prinzip verfolgt, daß Funktionsmodule von CAQ miteinander und mit Haupt- oder Teilfunktionen anderer Bereiche in Verbindung treten müssen. Unter ungünstigen Bedingungen bedeutet dies einen sehr hohen Normungsaufwand, da bis zu n(n-1) [n = Anzahl der Teilnehmer, die miteinander vebunden werden sollen] Schnittstellen definiert werden müssen.

Die weiteren Arbeiten im Bereich der CIM-Normung zeigen, daß Aktivitäten im Bereich der Qualitätssicherung zurückgestellt oder zum Teil anderen Funktionsbereichen zugeordnet wurden.

Die Rückführung, Weiterverarbeitung und Speicherung qualitätsrelevanter Daten erfordert eine Überprüfung des Produkt- und Produktionsmodells hinsichtlich seiner Eignung, die informationstechnischen Belange einer zeitgemäßen Qualitätssicherung abzubilden. Hierbei wird nicht das Ziel verfolgt, ein zusätzliches Qualitätsmodell zu schafffen. Vielmehr sind die vorhandenen Modelle in geeigneter Form zu modifizieren und zu ergänzen.

Die Kommission CIM im DIN sieht ein derartiges Vorgehen im Bereich der Schnittstellen für die Fertigungssteuerung und Auftragsabwicklung in Form der Bildung von Partialmodellen vor, die eigenständige Modelle innerhalb der Hauptmodelle bilden. Das Qualitätsmodell wird dabei sowohl als Partialmodell des Produktmodells in Erscheinung treten als auch als Komponente von Partialmodellen innerhalb des Produktionsmodells. Dabei werden an die beiden Hauptmodelle die folgenden inhaltlichen Forderungen erhoben:

Produktmodell:

* Abbildung einer durchgängigen Merkmalshierarchie (Systemmerkmale; Leistungsmerkmale als Kunden-/Marktforderungen; technische Merkmale; Konstruktionsmerkmale; fertigungstechnische und funktionale Merkmale, Qualitätsmerkmale und Prüfmerkmale)

* Ausbildung eines Einsatzmodells (kundenbezogen), eines Konstruktionsmodells (funktionsbezogen) und eines Realisierungsmodells (fertigungsbezogen)

Produktionsmodell (und dessen Partialmodelle):

* Darstellungs- und Speicherungsformen für qualitätsrelevante Eigenschaftsbeschreibungen. Während im Produktmodell hauptsächlich die Qualität des Ergebnisses einer Funktion festgehalten wird, enthält das Produktionsmodell Aussagen zur Qualität der Ausführung einer Funktion bzw. zur Qualität der eingesetzten Mittel und Verfahren.

* Ausbildung oder Überprüfung des Betriebsmittelmodells, des Werkstoffmodells, des Verfahrenmodells (Methodenmodells), des Personalmodells und des Organisationsmodells (Prozedurenmodells/Auftragmodells)

Eine Verzahnung beider Modelle erfolgt über den Begriff der Funktion (des Prozesses).

3.6 Zusammenfassung und Schlußfolgerung

Die Unzulänglichkeiten der Positionierung von CAQ in CIM-Modellen wurde bereits in Kap. 3.3 dargestellt. Die konzeptionelle Weiterentwicklung von CIM wird zeigen, daß es eine umfassende und in ihrem Leistungsumfang massiv erweiterte Einzelkomponente CAQ nicht geben wird und nicht geben darf. Eine derartige Entwicklung würde in die (falsche) Richtung einer rechnergestützten Qualitätskontrolle, einer Restauration des überwunden geglaubten Kontroll- und Prüfwesens führen, da sie ja hauptsächlich zu verifizieren hätte, was von planerisch/administrativen Systemen vorgegeben wurde.

CAQ muß in Form von Teilfunktionen innerhalb von Komponenten des CIM-Systems präsent sein. Beispiele hierfür sind:

* Prüfplanung als Teil der Arbeitsplanung (CAP)
* Qualitätsplanung als Teil der Produktionsplanung
* K-FMEA als Komponente einer CAD-Anwendung
* P-FMEA als Element der Fertigungsplanung
* SPC als Werkzeug der Fertigungssteuerung
* Qualitätsdatenerfassung als Teil einer umfassenden Fertigungsdatenerfassung, die auch die Bereiche BDE und MDE beinhaltet,

um nur nur einige zu nennen.

Eine derartige Desintegration der traditionellen Vorstellung von CAQ in Einzelaufgaben mit anschließender Integration dieser Aufgaben in verschiedene Hauptkomponenten eines CIM-Systems setzt unter anderem eine ausreichende Durchdringung der Datenhaltungssysteme dieser Teilkomponenten mit qualitätsrelevanten Daten voraus. Aufgrund der funktionsorientierten Entwicklung dieser Teilkomponenten wird diese Voraussetzung nicht vollständig erfüllt. Aus Sicht der Qualitätssicherung sind deswegen Forderungen an die Datenspeicherung in und den Datenaustausch zwischen CIM-Komponenten zu beschreiben.

CAQ und Integration

Diese Forderungen müssen dabei zwei Grundaspekte einer integrierten Qualitätssicherung in besonderem Maße berücksichtigen. Zum einen ist da die notwendige Datenbereitstellung zur Ausübung der Teilfunktion, zum anderen eine zumeist erweiterte Datenhaltung, die den integrativen Aspekt der Qualitätssicherung unterstützt. Aus letzterem ergibt sich in besonderem Maße die Notwendigkeit einer funktionsunabhängigen Datemmodellierung. Nur wenn durch eine entsprechende Datenhaltung und -darstellung die Möglichkeit eines ganzheitlichen Datenzugriffs sichergestellt wird, kann Qualitätssicherung die ihr innewohnende Querschnittsfunktion ausüben und einen herausragenden Beitrag zur Integration leisten.

4 Gestaltungsmöglichkeiten und Grenzen der Modellbildung

4.1 Systematische Anforderungen an das Modell

Ein Datenmodell für die integrierte Qualitätssicherung muß unterschiedlichen Anforderungen genügen, die sich aus der heutigen Präsenz der Qualitätssicherung, ihrer historischen Entwicklung und den zukünftigen Entwicklungstendenzen ergeben. Damit wird ein Rahmen gezogen, dessen Basislinie durch die klassischen Funktionen der Qualitätssicherung, d.h. Planen, Prüfen und Lenken der Qualität, und hier besonders durch die heutige Ausprägung der Qualitätsprüfung gezogen wird, die auch heute noch einen besonderen Schwerpunkt bildet. Beinahe alle heute am Markt verfügbaren CAQ-Systeme sind an den Belangen dieser Funktion entwickelt worden. Dies bedeutet, daß Planung, Beauftragung, Durchführung und Auswertung von Erzeugnis- und mit Einschränkungen auch Betriebsmittelprüfungen im Vordergrund stehen. Mit der immer stärkeren Verbreitung von Verfahren der sogenannten Off-Line-Qualitätssicherung, d.h. von Verfahren, die fehlervermeidenden Charakter haben und in frühen Phasen der Produktentwicklung zum Einsatz kommen, muß ein derartiges Datenmodell auch den Datenbedarf dieser Techniken, beispielhaft seien hier nur FMEA und QFD genannt, befriedigen können. Die Techniken der Off-Line-Qualitätssicherung bilden aus heutiger Sicht eine mögliche Obergrenze dieses Anforderungsprofils. Sowohl die vehemente methodische Entwicklung der Qualitätssicherung selbst als auch die gezielte Verlagerung von Qualitätsverantwortung in die unterschiedlichsten Unternehmensbereiche lassen den Schluß zu, daß diese Grenze nur vorläufigen Charakter haben wird. Hier besteht nicht der Bedarf, Anforderungen aus einzelnen Verfahren abzuleiten, sondern über eine Vielzahl von Verfahren hinweg Gemeinsamkeiten des Datenbedarfs zu entwickeln und zu strukturieren.

4.1.1 Anforderungen aus der Normenreihe DIN ISO 9000-9004

Bislang sind Anforderungen an das Qualitätsdatenmodell skizziert worden, die im Schwerpunkt funktionalen Charakter haben. Zu diesen treten Anforderungen hinzu, die aus modernen Formen einer qualitätsgerechten Aufbau- und Ablauforganisation eines Unternehmens resultieren. Diese, Qualitätssicherungssystem genannten Organisationsformen, werden in verschiedenen Normenwerken beschrieben, die alle ihren Ursprung in der Normenreihe ISO 9000-9004 haben /DISO87/. Die in diesen Normenwerken geforderten Strukturen und Abläufe setzen auch Maßstäbe an die bereitzustellenden und weiterzugebenden Daten. KÖPPE hatte bereits 1989 die Möglichkeiten dargestellt, aus diesen Normen Forderungen an das Leistungsprofil von CAQ-Systemen abzuleiten und ein entsprechendes Strukturmodell für Leistungsmerkmale vorgestellt /KOEP89/. WINTERHALDER und DOLCH weisen später daraufhin, daß keineswegs alle Positionen dieser Normenreihe allein durch CAQ erfüllt werden müssen, sondern sogar besser durch andere CA-Anwendungen aufgenommen werden können /WINT91/. Diese Bewertung deckt sich mit der Feststellung einer verteilten CAQ-Bearbeitung in CIM-Systemen aus Kap. 3.5.

Da die Autoren dieser Normenreihe bei der Formulierung der Anforderung an Qualitätssicherungssysteme bewußt viele Freiheitsgrade für die unternehmensspezifische Realisierung gelassen haben, müssen zwangsläufig auch die Anforderungen an eine CAQ/CIM Entwicklung abstrakt bleiben. Trotzdem lassen sich zu den

20 Abschnitten der DIN ISO 9001 Funktionsbausteine eines CAQ-Systems zuordnen /WINT91, DGQ 89/. Für eine Verankerung dieser Normen in einem CIM-System ist es zuvor notwendig, über entsprechende Datenarchitekturen und Schnittstellenfestlegungen der späteren funktionalen Anwendung des Qualitätssicherungssystems den Weg zu ebnen.

Wurden in den vorhergehenden Kapiteln Anforderungen an das Datenmodell einer integrierten Qualitätssicherung genannt, die sich unmittelbar aus Funktionen und Abläufen ableiten lassen, so tritt durch ein geändertes Selbstverständnis der Qualitätssicherung ein weiterer Anforderungskomplex hinzu, der nur mittelbare Aussagen zu den benötigten Daten erlaubt, aber trotzdem von grundlegender Bedeutung ist. Hierzu gehören sowohl neuere Management-Prinzipien der Qualitätssicherung selbst als auch das deutlich vergrößerte Aufgabenfeld. Die Tatsache, daß Qualitätssicherung eine Querschnittsfunktion ist, daß Qualität dort gesichert und verantwortet werden muß, wo sie entsteht, bedeutet in letzter Konsequenz, daß jeder im Unternehmen Qualitätsverantwortung hat. Dieser Verantwortung kann aber nur der genügen, dem die benötigten Informationen zur Verfügung stehen. Qualitätsdaten dürfen in Zukunft also nicht nur einem kleinen Zirkel von Führungsverantwortlichen und Mitarbeitern des Qualitätswesens zur Verfügung stehen, Qualitätsdaten müssen im Rahmen einer Holschuld für jeden Mitarbeiter eines Unternehmens verfügbar sein.

Qualität als Ergebnis fehlerfreier Produkte, fehlerfreier Abläufe und zufriedener, informierter Mitarbeiter bedeutet aber auch, daß zu dem Produkt und dem Prozeß als klassischen Objekten der QS-Aktivitäten die folgenden hinzutreten:

- ★ Abläufe/Organisation
- ★ Verfahren/Methoden
- ★ Anlagen und Betriebsmittel
- ★ Kunden, Lieferanten, Ausrüster

Ein Datenmodell für die integrierte Qualitätssicherung muß all diese Objekte in der notwendigen Form beschreiben können und eine Plattform für Schnittstellen bilden, die den Daten- und Informationsbedarf einer Querschnittsfunktion Qualitätssicherung berücksichtigt.

4.1.2 ZVEI-Atlas

1985 veröffentlichte der Arbeitskreis "Produktionstechnik" des Zentralverbandes der elektrotechnischen Industrie einen "Atlas der innerbetrieblichen Informationsverarbeitung (AIIV)" /ZVEI85/. Das für diesen Atlas verantwortlich zeichnende Autorenteam beabsichtigte, die innerbetriebliche Informationsverarbeitung in einer allgemein gültigen Form zu strukturieren und zu beschreiben, so daß mit diesem Werk den Unternehmen ein Planungshilfsmittel bei dem Entwurf, der Realisierung und der Integration von Datenverarbeitungssystemen zur Verfügung steht. Die Autoren gehen dabei von der Annahme aus, daß informationsverarbeitende Systeme im Rahmen innerbetrieblicher Funktionen eingesetzt werden.

Hieraus resultiert die Struktur des AIIV in:

* Funktionskapitel
* Funktionsblöcke
* Funktionen
* Teilfunktionen
* Informationsverbindungen und
* Informationsspeicher.

In Kenntnis der Vielzahl unterschiedlicher Produkte und Produktionsstrukturen von Unternehmen der elektrotechnischen Industrie berücksichtigt der Atlas fünf verschiedene Betriebstypen, die als repräsentativ angesehen werden. Es handelt sich hierbei um:

Betriebstyp "Serielle Fertigung"

Hierunter sind Betriebe zu verstehen, welche serielle Produkte herstellen, die ab Lager verkauft werden (z.B. Haushaltsgeräte). Kundenspezifische Anpassungen der Produkte werden nur bei ganzen Serien durchgeführt.

Betriebstyp "Serielle Fertigung mit Anpassung"

Im Unterschied zum Betriebstyp "Serielle Fertigung" sind hier geringfügige Anpassungen an Kundenwünsche auch beim Einzelprodukt zugelassen. Die Abläufe beider Betriebstypen unterscheiden sich nur in einem Nachrichtenweg und werden in dem Atlas zumeist gemeinsam behandelt.

Betriebstyp "Serielle Baukastenfertigung"

Bei diesem Betriebstyp werden die Endprodukte entsprechend dem Kundenwunsch aus lagermäßigen Baugruppen und Teilen montiert. Große Variantenvielfalt ist zugelassen. Bedingung ist jedoch, daß die Baugruppen und Teile nicht kundenabhängig hergestellt werden.

Betriebstyp "Baukastenfertigung mit Anpassung"

Bei diesem Betriebstyp sind die Produkte ebenfalls strukturiert, wobei einzelne Variantengrößen kundenauftragsabhängig definiert werden. Baugruppen und Teile können teilweise auf Lager liegen. Produktbestimmende Baugruppen werden meistens jedoch unter Anpassung an vorgegebene Kundenwünsche erst im Auftragsfalle hergestellt.

Betriebstyp "Einzelfertigung"

Wichtigstes Merkmal dieses Betriebstyps ist, daß im Regelfall erst auf Kundenauftrag eine dem Kundenwunsch angepaßte Ausführung hergestellt wird. In den meisten Fällen ist die Auftragsstückzahl gleich 1, in seltenen Fällen auch größer.

Gestaltungsmöglichkeiten und Grenzen der Modellbildung 45

Der AIIV sieht insgesamt 4 Funktionskapitel vor (Strategie, Technik und Produktion, Innerbetriebliche Logistik, Finanzmittel), die in insgesamt 18 einzelne Funktionsblöcke separiert werden. Unter dem Funktionskapitel "Technik und Produktion" ist ein Funktionsblock "Qualität übergreifend sichern" definiert. Dieser Funktionsblock besteht aus acht Teilfunktionen. Sie sind im einzelnen in Bild 4.1 aufgeführt.

Weitere qualitätsrelevante Aktivitäten (z.B. "Qualität planen" oder "Prozeßqualität steuern") werden als Funktion innerhalb anderer Funktionsblöcke aufgeführt.

Zur Bearbeitung dieser Funktionen werden diese bei Bedarf in Teilfunktionen aufgegliedert, die dann über Informationsverbindungen mit diversen Datenspeichern in Kontakt treten.

Die aufzubauenden Informationsverbindungen und die benötigten Datenspeicher sind inhaltlich nicht näher spezifiziert.

Bezüglich der Inhalte und Zuordnung dieser Datenspeicher lassen sich aber folgende Aussagen ableiten.

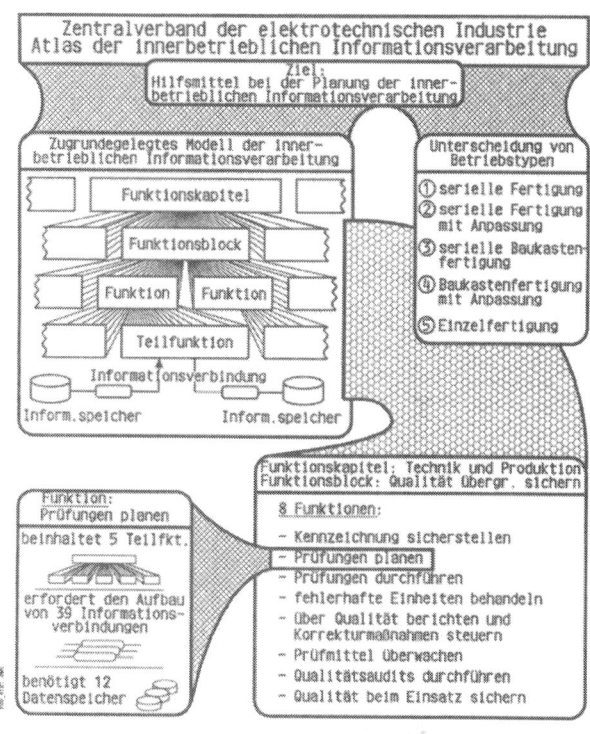

Bild 4.1: ZVEI - Atlas der innerbetrieblichen Informationsverarbeitung

1. Die qualitätsrelevanten Datenspeicher beinhalten Informationen zu Erzeugnissen, Betriebsmitteln, Verfahren und Methoden, standardisierten Abläufen zu Kunden und zu an der Produktion mittelbar beteiligten Dritten (Hersteller, Lieferanten).

2. Die Datenspeicher beinhalten Informationen zu Vorgaben (Soll-Zuständen), Realisierungen (Ist-Zuständen) und Eigenschaften.

3. Die Lebensdauer (Gültigkeitsdauer) der Informationen kann unterschieden werden nach auftragsbezogenen Informationen und auftragsunabhängigen Informationen (Stammdaten).

4.2 Externe Anforderungen an das Modell (EDIFACT)

Zur Zeit sind nur wenige standardisierte Formen des Austausches von Qualitätsdaten zwischen Unternehmen bekannt. Im allgemeinen wird die Weitergabe derartiger Daten durch individuelle Absprachen zwischen Lieferer und Kunden geregelt. Von Bedeutung sind in diesem Rahmen nur die Standardisierungen von Prüfzeugnissen und Prüfberichten. Sie sind auf der Ebene einzelner Industriebranchen einheitlich gestaltet. Ein Beispiel hierfür ist der Erstmusterprüfbericht des VDA (Verband der Deutschen Automobilindustrie). Standardisierungen beziehen sich hierbei auf den Inhalt und die Form der auszutauschenden Dokumente. Vereinheitlichungen im Rahmen des elektronischen Datenaustausches sind erst in Ansätzen zu erkennen. Anforderungen an das Datenmodell einer integrierten Qualitätssicherung können nur im dem Rahmen festegelegt, werden, daß ein derartiges Datenmodell den Datenbedarf, der in den Standard-Dokumenten festgelegt wurde, bedienen können muß.

Seit Anfang der 80er Jahre sind weltweit Bestrebungen im Gange, den Austausch von Geschäftsnachrichten mittels Datenfernübertragung durch ein einheitliches Regelwerk zu vereinfachen. Diese Entwicklungen sind heute unter dem Namen "EDIFACT" bekannt und bereits in nationalen und internationalen Normenwerken verankert /EBBI88/. Wie auch die natürlichen Sprachen wird EDIFACT durch einen Wortschatz und ein Regelwerk zum Gebrauch dieses Wortschatzes repräsentiert. Teil dieser Syntax sind Vorgaben für definierte Ordnungsstrukturen, die die Aneinanderreihung von einzelnen Elementen (Datenelementen) des Wortschatzes beschreiben /THOM88/. In Richtung zunehmender Komplexität können, ausgehend von dem Datenelement, Datenelementgruppen, Segmente, Nachrichten und Übertragungsdateien konfiguriert werden /HERM88/. Die Entwicklung von EDIFACT orientierte sich an den Belangen des kaufmännisch dispositiven Datenaustausches zwischen Unternehmen. Dementsprechend liegt auch zur Zeit noch in diesem Bereich der Schwerpunkt der Normungsaktivitäten zu Nachrichtentypen, wie Pilotanwendungen im Bereich der chemischen Industrie zeigen /KAEB90/.

Grundsätzlich ermöglicht EDIFACT aber auch die Übermittlung von technischen, produktidentifizierenden und -beschreibenden Daten. In den Vereinigten Staaten ist von dem ASC-X12-Ausschuß (ANSI) ein Nachrichtentyp QDM (Quality Data Message) entwickelt worden, der Ergebnisse aus Laborprüfungen transportieren soll. Seine Anwendung befindet sich zur Zeit in der Testphase. Weitere Nachrichtentypen haben Status "Draft" oder "Proposal" /ASC 89/. In der Bundesrepublik wird von Pilotanwendungen zur Weitergabe von Erstmusterprüfberichten im Bereich der Automobilindustrie berichtet /SIEC91/.

Ein Datenmodell für die Qualitätssicherung in der integrierten Produktion muß kompatibel zu diesen Normungsentwicklungen sein. Unter Kompatibilität ist dabei sowohl die Überdeckung mit dem in EDIFACT definierten Datenelementen zu verstehen als auch die leichte Konvertierbarkeit der intern genutzten Daten trukturen in extern zu verwendende Nachrichtentypen /KOEP90b/.

4.3 EDV-technische Möglichkeiten des Datenaustausches

Der Datenfluß zwischen EDV-Systemen läßt sich prinzipiell auf zwei verschiedenen Wegen realisieren. Eine Möglichkeit ist die Verbindung von je zwei DV-Applikationen durch Kopplungsmodule, die, wie im folgenden deutlich wird, unterschiedliche Gestalt annehmen können. Die zweite Möglichkeit besteht in der Integration der zunächst getrennten Systeme über eine im Idealfall einheitliche Datenbasis, der ein einheitliches Modell der Daten- und Speicherstrukturen zugrunde liegt /BONS89, SCHO88/.

4.3.1 Kopplungsverfahren

Die Kopplung ist eine programmtechnische Verbindung zweier getrennter Programmsysteme mit getrennten Daten- und Speicherstrukturen und mit unterschiedlichen Verwaltungssystemen. Die programmtechnische Verbindung hat die Aufgabe, die von beiden Systemen benötigten Datenbestände abzugleichen und damit zumindest zeitweise eine konsistente Datenbasis herzustellen /HELL89/.

Die einfachste Stufe einer Kopplung stellt lediglich eine organisatorische Verbindung zweier EDV-technisch unverbundener Systeme dar (zwei unterschiedliche Displays am Arbeitsplatz). Damit können Auskunftsfunktionen getätigt werden, aber keine Daten automatisch von dem einen in das andere System überführt werden. Der Vorteil dieser Verbindung ist, daß der Mensch Informationen gezielt auswählen, interpretieren und modifiziert weitergeben kann. Im Sinne einer CIM-Philosophie stellt diese Verbindung aber lediglich eine Notlösung dar, da keinerlei Datenkonsistenz zwischen den verschiedenen Datenbasen erreicht wird /SCHO88/.

Bei der zweiten Verbindungsmöglichkeit werden zwei Grundsysteme über den Einsatz von EDV-Werkzeugen miteinander verbunden. Obwohl nun Auswertungen über beide Systeme hinweg möglich sind, bleiben die Nachteile der fehlenden Datenintegrität bestehen. Neben Microcomputern können für diese Aufgabe Querysprachen von Datenbanken und lokale Netzwerke (LAN's - Local Area Networks) oder ggf. Kombinationen davon eingesetzt werden. Als Kopplungsmodul hat auf dieser Stufe der Personal Computer (PC) große Bedeutung erlangt. Bei einer Umfrage betreffs der im Unternehmen (CIM-Anwender) verfügbaren Kommunikationssysteme, wurde für die PC-Host Kopplung eine Einsatzhäufigkeit von 85% ermittelt /VDI 89/.

Auf der dritten Stufe erfolgt die Kopplung der Anwendungsprogramme durch bi-direktionalen Filetransfer. Dazu ist zwischen jeweils zwei Kommunikationspartnern ein zusätzlicher Baustein installiert, der die Datenkonvertierung vornimmt. Dieser Übersetzungsmodul bereitet die zu übermittelnden Daten so auf, daß sie von dem jeweiligen Empfängersystem verarbeitet werden können. Eine derartige Verbindung ist meist auf zwei Systeme ausgerichtet und kann nicht in allgemeiner Form bereitgestellt werden, es sei denn, es wird ein Standardformat zwischengeschaltet. Weiterhin ist es mit dieser Art der Verbindung nicht möglich, durch den Einsatz von Abfragesprachen zwischen den Systemen zu pendeln. Der Datenaustausch ist vielmehr durch eine genau definierte, unflexible Programmfunktion festgelegt. Neben der fehlenden Flexibilität ist die ausschließlich lokale Konsistenzkontrolle ein Nachteil dieser Alternative. Die logische Widerspruchsfreiheit von Daten ist nur innerhalb und nicht zwischen den beteiligten Datenbanken gesichert. Die Frage, ob die zu übermittelnden Daten z.B. bezüglich der Aktualität mit denen des Empfängersystems übereinstimmen, muß vom Empfänger selbst geklärt werden /SCHE90, SCHO88/ (Bild 4.2).

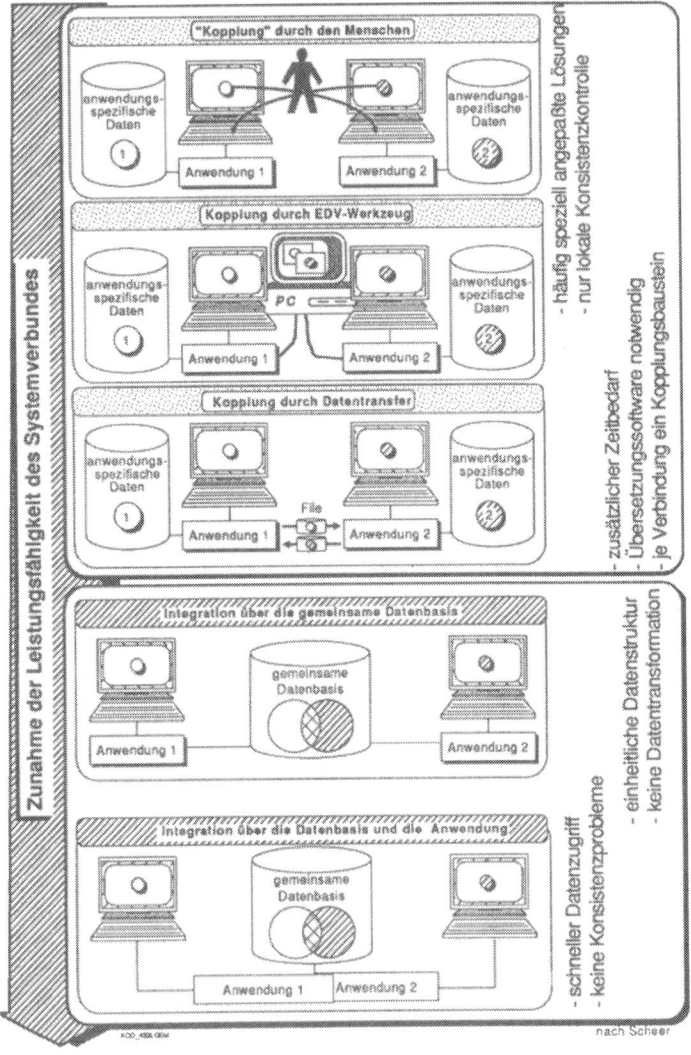

Bild 4.2:   Verfahren zur Verbindung von EDV-Applikationen

Das Problem sich unterschiedlich entwickelnder redundanter Datenbestände ist bei allen Koppelstrategien immanent. Der resultierende Aufwand für die Wartung und den Abgleich der Datenbestände konterkariert die Rationalisierungbemühungen /SCHE90/.

4.3.2 Integrationskonzepte

Eine wesentlich engere Verbindung von EDV-Systemen wird durch die Integration der Systeme über eine im Idealfall einheitliche Datenbasis erreicht. Jeder Applikation des Systemverbundes steht der gesamte Informationsinhalt der Datenbasis zur Verfügung. Hierdurch erübrigen sich Kopplungsprozeduren, und die Probleme der Datenredundanz sind mit geringerem Aufwand zu bewältigen. Die Datenbasis verfügt über eine einheitliche Datenverwaltung in einer gemeinsamen logischen Datenbank (Bild 4.3). Die Datenbasis kann physikalisch verteilt auf unterschiedlichen Rechnern existieren, wobei die Verteilung der Daten auf die verschiedenen durch ein Netzwerk verknüpften Systeme dem Benutzer verborgen bleibt /SCHE90/.

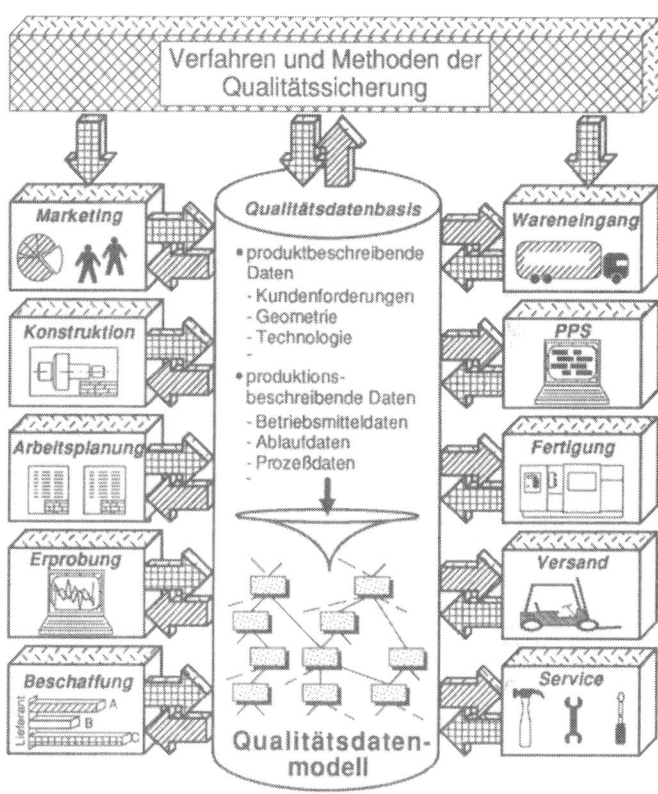

Bild 4.3: Integration der Qualitätssicherung über die gemeinsame Datenbasis

Hauptargumente für den Einsatz von Datenbanksystemen sind:

* Anwendungsbezogene Datenstrukturierung
* Unterstützung der Datenkonsistenz
* Unterstützung des Mehrbenutzerbetriebs und
* Datenunabhängigkeit.

Die höchste Form der Integration besteht in der Anwendung-zu-Anwendung-Beziehung. Hierbei greifen Transaktionen des einen Systems auf Transaktionen des anderen Systems zu. Dann liegt eine echte Verschränkung auch der Programmfunktionen vor.

Für die integrierte Qualitätssicherung kommt der Realisierung einer unternehmensweiten Qualitätsdatenbasis eine entscheidende Bedeutung zu /BONS89/. Die gemeinsame Datenbasis bildet den Grundpfeiler der ebenen- und abteilungsübergreifenden datentechnischen Durchgängigkeit, wobei es keine Schwierigkeiten bereitet, Aktivitäten mit zeitlich stark entkoppelten Datenquellen und -senken darzustellen.

Neben der informationstechnischen Integration von Hard- und Softwarekomponenten weist die Integration über die gemeinsame Datenbasis zugleich einen ausgeprägten prozeßorganisatorischen Charakter auf. Sie kann dazu beitragen, den Ablauf von Prozessen transparenter, in der Gesamtheit systematischer und zeitlich gestraffter zu gestelten /BONS89, HIRS86, SCHO88/. Der Aufbau einer gemeinsamen Datenbasis bietet weiterhin einen Ausweg aus der Informationskrise ("Informationsmangel im Datenüberfluß"), weil es auf einfache Weise möglich wird, Daten unterschiedlichen Ursprungs miteinander in Beziehung zu setzen und so neue Einsichten zu gewinnen /FRIC86/. Durch Nutzung der auftretenden Synergie-Effekte können weitere Rationalisierungspotentiale ausgeschöpft werden /BONS89/.

4.4 Zur Theorie der Modellbildung

Die Erfassung, Speicherung und Weiterverarbeitung unternehmensinterner Daten setzt voraus, daß der Kreis der potentiellen Nutzer dieser Daten und Informationen sich über eine gemeinsame Basis verständigt haben, nach welchen Regeln diese Daten erfasst wurden und nach welchen Regeln sie weiterverarbeitet werden dürfen. Ein Teil dieser Regeln beschreibt, welcher Ausschnitt der Wirklichkeit von Produktion und Produkt mit diesen Daten erfaßt werden soll. Besonders bei komplexen Produktionsabläufen und Produkten ist es notwendig, eine präzise und formale Darstellung von Informationen über Objekte und Beziehungen sowie deren zuzuordnenden Eigenschaften zu erlangen. Eine derartige Abbildung der Wirklichkeit in Form von Daten und Informationen kann mittels eines Modells geschehen /ANDE85/.

Besonders im Bereich der Konfiguration und Nutzung von Datenbanken ist der Begriff des Modells (Bild 4.4) von zentraler Bedeutung.

Unter einem Modell wird hierbei immer eine Reduzierung, d.h. eine vereinfachte Abbildung der Wirklichkeit verstanden /HENN86; BEHR84/. Hierbei nimmt der Begriff des Modells eine ambivalente Bedeutung ein. Ein

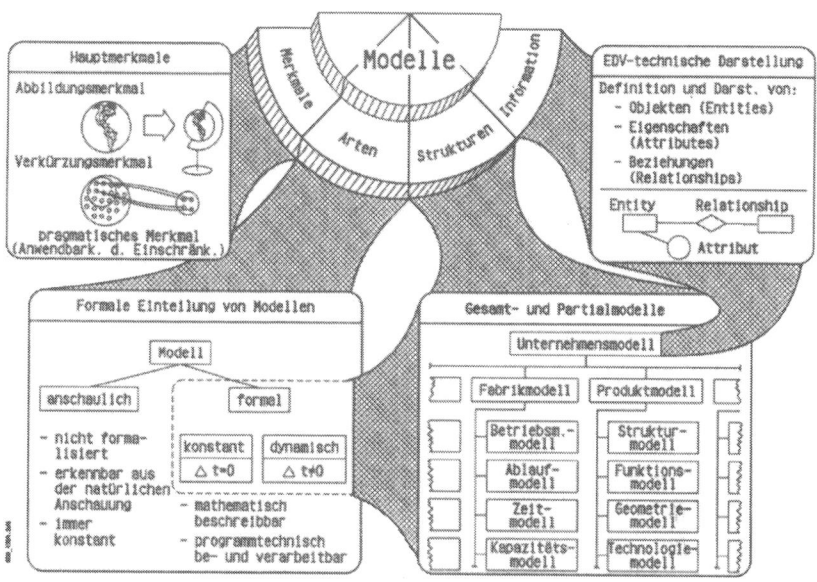

Bild 4.4: Aspekte der Modellbildung technischer Systeme

Modell kann sowohl Abbild von etwas sein als auch Vorbild für etwas /STAC73/. Modelle kommen immer dann zum Einsatz, wenn sich die Originale, die sie repräsentieren, nicht oder nur sehr schwer handhaben lassen. Die grundlegenden Eigenschaften eines Modells faßt STACHOVIAK in drei Merkmalen zusammen /STAC73/:

1. Modelle beinhalten ein Abbildungsmerkmal
   "Modelle sind stets Modelle von etwas, nämlich Abbildungen, Repräsentationen natürlicher oder künstlicher Originale, die selbst wieder Modelle sein können."

2. Modelle beinhalten ein Verkürzungsmerkmal
   "Modelle erfassen im allgemeinen nicht alle Eigenschaften des durch sie repräsentierten Originals, sondern nur solche, die den jeweiligen Modellschaffern und/oder Modellbenutzern relevant erscheinen."

3. Modelle haben pragmatische Eigenschaften
   "Modelle sind ihren Originalen nicht per se eindeutig zugeordnet. Sie erfüllen ihre Ersetzungsfunktion:
   a) für bestimmte erkennende und/oder handelnde, modellbenutzende Subjekte,
   b) innerhalb bestimmter Zeitintervalle und
   c) unter Einschränkung auf bestimmte gedankliche oder tatsächliche Operationen."

Bezogen auf die Qualitätssicherung bedeutet dies, daß Informationsmodelle der rechnerintegrierten Fertigung bei der Anwendung des Verkürzungsmerkmals qualitätsrelevante Eigenschaften von Produktion und Produkt nicht ausschließen dürfen. Weiterhin besteht die Notwendigkeit, daß bei der Abbildung der Wirklichkeit auf das Modell qualitätsrelevante Objekte, wie Produkte, Prozesse, Betriebsmittel, Abläufe, etc. identifizierbar und mit den entsprechenden Eigenschaften versehen sein müssen. Das dritte Hauptmerkmal, der Pragmatismus, bedeutet in Bezug auf die Qualitätssicherung, daß das Modell Aussagen über alle Forderungen bezüglich der Produktion und der Produkte sowie Aussagen über den Erfüllungsgrad dieser Forderungen ermöglicht. Pragmatisch bedeutet in diesem Zusammenhang auch, daß diese Zustandsbeschreibungen mit möglichst einfachen Mitteln zu geschehen haben. Jedem Modell ist damit die Paradoxie eines Zielkonfliktes immanent. Das Ziel der vereinfachten Abbildung einer Wirklichkeit kollidiert mit dem Ziel möglichst detaillierter Aussagen über diese Wirklichkeit mittels des Modells.

Die Modelltheorie unterscheidet zwischen anschaulichen und formalen Modellen. Anschauliche Modelle sind Modelle, die aus der natürlichen Betrachtung als solche erkennbar sind. Beispiele hierfür sind die Abbildung unseres Planeten als Globus, die Darstellung des Verkehrsnetzes einer Stadt durch einen Stadtplan oder ein Spielzeugauto als Ebenmodell eines existierenden Automobiltyps. Für die Schaffung dieser Modelle werden keine mathematisch-formalen Abbildungsregeln benötigt, und sie sind konstant, d.h. zeitlich invariant /LOCK78/. Dieser Modelltyp ist für die informationstechnische Modellierung einer Produktion von untergeordneter Bedeutung. Formale Konzepte basieren demgegenüber auf einem mathematischen oder formalen Konzept, sie sind programmtechnisch beschreibbar und verarbeitbar und haben bezüglich des Zeitverhaltens sowohl konstante als auch dynamische Eigenschaften. Ein typisches Beispiel für ein konstantes formales Modell ist die Darstellung eines Erzeugnisses mittels eines 3D-Volumen-Modells durch ein CAD System.

Dynamische formale Modelle finden Anwendung im Bereich der Simulation (Simulierung der Bahnkurven eines Roboterarmes mit Kollisionsprüfung) und im Bereich der Regelungstechnik.

Für den Einsatz im Rahmen der Qualitätssicherung sind sowohl konstante als auch dynamische Modelle geeignet. Heute werden schmale Segmente aller qualitätssichernden Aktivitäten in einem Unternehmen in Form von überschaubaren Teilmodellen beschrieben. So stellt z.B. das Quality Function Deployment (QFD) ein konstantes formales Modell für die Beschreibung und Bewertung der qualitätsrelevanten Merkmale eines Erzeugnisses dar. Das Verfahren der statistischen Prozeßregelung (SPC) basiert dagegen auf einem dynamischen formalen Modell. Dieses Modell erfaßt die einen Fertigungs- oder Verarbeitungsprozeß charakterisierenden Größen. Im allgemeinen wird die Regel der fünf "M", Mensch, Maschine, Material, Methode und Mitwelt zugrunde gelegt und ein Zusammenhang zwischen der Veränderung dieser Größen und der Variation von Erzeugnismerkmalen postuliert. Die Veränderungen der beobachteten Größen sind zeitabhängig und über geeignete statistische Berechnungs- und Darstellungsformen (Führen einer Regelkarte) wird die Entwicklung des Prozesses extrapoliert. Mit Hilfe dieses Modells kann in den Prozeß eingegriffen werden, bevor Fehler am Erzeugnis manifest werden.

Formale Modelle lassen sich im allgemeinen gut durch rechnergestützte Informationssysteme nachbilden. Beschränkungen erfahren die Modelle dabei einmal durch den Standpunkt, den der Modellschaffende einnimmt, und zum anderen durch den Komplexitätsgrad, den die Anwendung eines Informationssystems zuläßt. Eine zu einseitige Sehweise des Modellschaffenden läßt sich durch die Bildung von Projektteams und den Einsatz von Reviews ausgleichen. Hierbei wird die Leistungsfähigkeit des Modells anhand der Erfahrungen und Einstellungen verschiedener Fachleute überprüft. Eine Reduzierung der Komplexität und des quantitativen Umfangs eines Modells kann durch die Zerlegung in Teilmodelle erzielt werden.

So wird man z.b. das Gesamtmodell eines Unternehmens unter anderem in ein Fabrikmodell und in ein Produktmodell zerlegen. Der Übersichtlichkeit und der besseren Handhabbarkeit halber werden diese Modelle weiter in Partialmodelle untergliedert. So ist z.b. das Geometrie- oder Technologiemodell Partialmodell des Produktmodells oder das Betriebsmittelmodell Bestandteil des Fabrikmodells.

Weiterhin hat die Vorgehensweise bei der Schaffung von Modellen auch einen großen Einfluß auf den Komplexitätsgrad des Modells. Eine Einflußnahme ist hier durch die Beschreibung von zulässigen Verallgemeinerungen und besonders durch die Identifizierung und Darstellung einheitlicher Strukturen und Muster möglich.

Die Abbildung der wirklichen Welt in ein EDV-System mittels eines Modells beginnt mit einer Eingrenzung des Betrachtungsraumes. Sie erfolgt anfänglich mit den Mitteln der natürlichen, zumeist technischen Sprache. Die Schaffung eines Betriebsmittelmodells würde also mit der Frage beginnen, welche Gegenstände eines Unternehmens unter dem Begriff "Betriebsmittel" zu subsumieren sind. Nach der Festlegung der Grenzen erfolgt eine Identifizierung aller Objekte, die sich innerhalb dieser Grenzen befinden. Im nächsten Schritt erfolgt eine Ordnung dieser Objekte. Der Modellbildner wird durch Vereinfachung, Auslassung, Abstraktion oder Klassenbildung versuchen, typische und repräsentative Gruppen in den Objekten auszumachen. Hierbei wird er jeweils die Objekte zusammenfassen, die sich durch gleiche Eigenschaften auszeichnen und diese Eigenschaften in Verbindung mit den Objekten einheitlich benennen. Betriebsmittel können nach Maschinen, Vorrichtungen, Werkzeugen, Transportmitteln usw. klassifiziert werden; zugeordnete Eigenschaften sind z.B. Standzeit, Zerspanvolumen, Maschinenfähigkeit, variable Kosten und weiteres mehr.

In einem dritten Schritt wird ein Schema erstellt, das Beziehungen zwischen einzelnen Objekten, ganzen Objektgruppen oder identifizierten Eigenschaften beschreibt. Damit sind die Voraussetzungen für eine EDV-technische Beschreibung dieses Modells geschaffen. Hierbei bietet es sich an, auf das Konzept relationaler Datenbanksysteme zurückzugreifen, deren beschreibende Prinzipien der natürlichen Sprache sehr nahe kommen.

4.5 Vorgehensweise zur Modellierung von EDV-Applikationen

Es bedarf damit einer Methodik, die es ermöglicht, den in den letzten Jahren deutlich gewachsenen Anspruch einer Einflußnahme der Qualitätssicherung auf innerbetriebliche Entscheidungsprozesse bei der Entwicklung von CIM-Systemen zu brücksichtigen. Die alleinige Integration traditioneller CAQ-Anwendungen stößt dabei schnell an Grenzen, da die Teilkomponenten dieser Programme aufgrund der funktionsorientierten Ausrichtung der Datenspeicherung kaum Möglichkeiten einer übergreifenden Datennutzung oder Datenbereitstellung vorsehen oder unterstützen. Im allgemeinen scheitert eine Verknüpfung von Arbeits- und Prüfplan schon an der Inkompatibilität der Arbeitsvorgangsnummern, sofern diese bei einer einseitigen Erzeugnisorientierung überhaupt durch das CAQ-System verwaltet werden.

Vorhandene Verfahren zur Konzeptionierung von Softwareanwendungen werden deshalb im folgenden auf ihre Verwendbarkeit für eine Beschreibung der integrierten Qualitätssicherung hin untersucht und bezüglich der Vor- und Nachteile gewichtet. Da Erfahrungen der Vergangenheit zeigen, daß die methodische Entwicklung der Qualitätssicherung noch lange nicht abgeschlossen ist, werden funktionsorientierte Konzepte zur Programmentwicklung als ungeeignet verworfen. Der datenorientierte Ansatz, der das Ziel verfolgt, das physikalische Umfeld eines Produktionsprozesses zu beschreiben und in Anforderungen an eine Datenbeschreibung und -speicherung umzusetzen, bietet im Gegensatz zur funktionsorientierten Vorgehensweise eine Vielzahl von Vorteilen. Er ist offen gegenüber unterschiedlichen funktionalen Anwendungen, solange nur der Datenbedarf der Anwendungen befriedigt werden kann. Er bahnt den Weg für die Realisierung von QS-Funktionen in beliebigen Teilkomponenten von CIM und ermöglicht einen schnellen und bedarfsgerechten Schnittstellenaufbau durch eine modulare Gestaltung der verschiedenen Datenelemente in Datengruppen und übergeordnete Strukturen.

Traditionell verfolgt die Entwicklung von Software-Applikationen einen, für isolierte Anwendungen durchaus sinnvollen, funktionsorientierten Ansatz. Dabei werden betriebliche Abläufe und Funktionen mittels geeigneter Werkzeuge und Algorithmen in ablauffähige Programme umgesetzt und dergestalt auf dem Rechner nachgebildet. Zur Beschreibung des Leistungsumfanges der Software werden dabei betriebliche Abläufe als komplexe Funktionsumfänge gesehen, die in kleine, nicht weiter unterteilbare Teilfunktionen (Transaktionen) zerlegt werden. Für den Endbenutzer besteht damit der Grundmodus bei der Rechneranwendung in dem Zugriff auf Daten, der Bearbeitung von Daten und der Speicherung von bearbeiteten Daten. Diese Form der Datenbearbeitung ist auch unter dem EVA-Prinzip bekannt. Die drei Buchstaben stehen hierbei für "Eingeben", "Verarbeiten" und "Ausgeben". Zumeist wird die Eingabe und Ausgabe der Daten hierbei über einen Zugriff auf Datenspeicher realisiert. Zweckmäßigerweise erfolgt die Konfiguration der Datenspeicher nach dem ökonomischen Prinzip des "soviel wie nötig, so wenig wie möglich". In der Konsequenz bedeutet dies, daß die Form und Art der Datenspeicherung durch die Funktion bestimmt wird. In der Umkehrung dieser Aussage wird deutlich, daß die im allgemeinen fest vorgegebene Form der Datenspeicherung sowohl quantitativ als auch qualitativ den Leistungsumfang einer Softwareanwendung bestimmt. Neue Teilfunktionen bzw. komplexe Funktionszusammenhänge als Ergebnis von neuen betrieblichen Abläufen und Verfahren können nur dann problemlos implementiert werden, wenn ihr Datenbedarf das Maß der bisherigen Anwendungen nicht überschreitet. Häufig sieht sich also ein Softwareanwender in der Situation, zwischen einer zeit- und kostenintensiven Erweiterung der vorhandenen Software oder einem kompletten Tausch ganzer Softwarepakete entscheiden zu müssen. Hauptsächlich entspringt dieses Dilemma den unzureichenden Leistungsmerkmalen hierarchischer Datenbanksysteme. Der ihnen eigene hohe Speicherplatzbedarf und der unkomfortable Datenzugriff erzwangen eine kritische Beschränkung der eingesetzten Datenelemente. Mit dem Aufkommen von relationalen Datenbanksystemen entfallen heute viele dieser Einschränkungen.

Im folgenden werden erprobte Methoden der Konzeptionierung von Software-Applikation dargestellt und bezüglich ihres Beitrages zum Aufbau von integrierten Informationssystemen bewertet.

4.5.1 Funktionsorientierte Gestaltungsverfahren

Die Darstellung beginnt mit Verfahren, bei denen die Abbildung von Abläufen und Funktionen eine besondere Berücksichtigung findet. Es handelt sich im einzelnen um:

* HIPO
* Strukturierte Programmierung (DIN 66261)
* Programmablaufpläne (DIN 66001)
* PETRI-Netze
* SA(DT)

4.5.1.1 HIPO (Hierarchy Input Process Output)

HIPO (Hierachy-Input-Process-Output) ist ein Verfahren zur Beschreibung umfangreicher, hierarchisch geordneter Gesamtsysteme. Die Anwendung des Verfahrens beginnt mit einer schrittweisen Zergliederung des Gesamtsystems in Teilsysteme (Bild 4.5). Teilsysteme wiederum werden solange weiter aufgegliedert, bis elementare, nicht weiter differenzierbare Prozesse identifiziert sind. Diese Elementarprozesse werden dann im Sinne einer Datenverarbeitung nach dem EVA-Prinzip, bei dieser Methode mit den englischen Begriffen IPO (Input, Process, Output) benannt, beschrieben /KATZ80/.

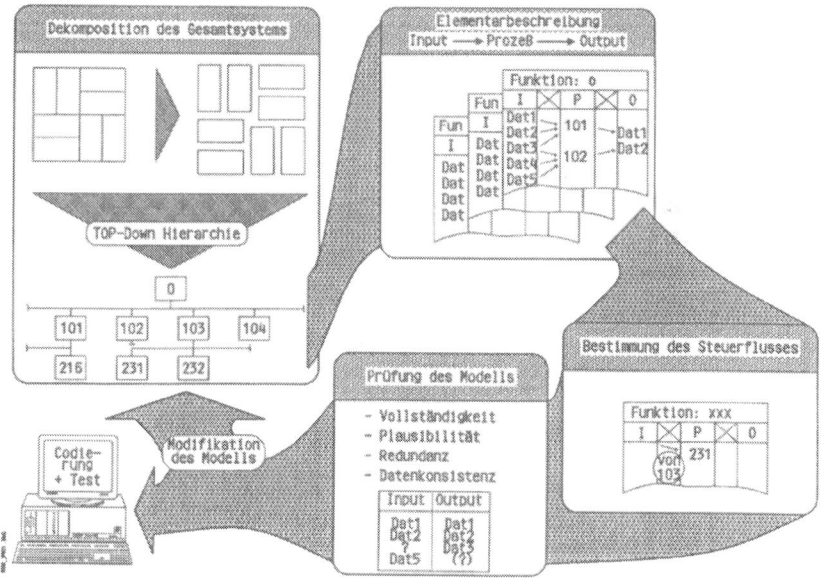

Bild 4.5: Anwendung der HIPO-Methode

Die Hierarchiebildung, die diesem Verfahren zugrunde liegt, erfordert eine Beschreibung von Teilaufgaben oder Elementarprozessen dergestalt, daß sie voneinander unabhängig sind. Ist diese Bedingung erfüllt, kann der Funktionsumfang des Gesamtsystems als funktionale Baumstruktur dargestellt werden. Der besseren Handhabbarkeit halber wird jedes Element dieser Baumstruktur über einen Nummernschlüssel so identifiziert, daß seine Position in der Gesamtstruktur bezüglich der Teilelemente auf der gleichen Ebene und dem zugeordneten Element auf der nächst höheren Ebene eindeutig beschrieben ist /HERI74/.

Nachdem diese Baumstruktur entwickelt worden ist, wird für jedes Element der Hierarchie ein IPO-Schema erstellt. Im darauffolgenden Schritt wird der Steuerfluß analysiert. Für jeden Elementarprozeß werden die notwendigen Eingangsdaten und die in dem Prozeß erzeugten Ausgangsdaten definiert.

Diese Arbeiten sind im weiteren auch Gegenstand einer abschließenden Prüfung des Modells. Ein Kriterium ist dabei die Überprüfung, ob alle von einer Teilfunktion benötigten Daten durch vorgelagerte Funktionen bereitgestellt werden und ob alle von einer Teilfunktion erzeugten Daten von nachgelagerten Funktionen benötigt werden. Gegebenenfalls muß hiernach eine Verbesserung des Modells erfolgen. Die Vorgehensweise dieses Verfahrens orientiert sich sehr stark an gewachsenen Strukturen großer EDV-Systeme (Top-Down-Organisation der Datenhaltung und Programmorganisation).

Die HIPO-Methode erlaubt nur die Darstellung von stationären Systemen. Als nachteilig erweist sich auch, daß in der hierarchischen Gliederung Teilfunktionen einer Ebene strikt voneinander getrennt sind. Querverbindungen zwischen Teilfunktionen sind somit nicht darstellbar.

4.5.1.2 Strukturierte Programmierung

Der Begriff und das Verfahren der "Strukturierten Programmierung" wurde Ende der sechziger Jahre von DIJKSTRA entwickelt. Anlaß seiner Arbeiten war die Erfahrung vieler Systemanwender und Systementwickler, daß die Fehleranfälligkeit eines Programms in einem direkten Verhältnis zur Länge des Quellcodes und zu der Zahl der bedingten Verzweigungen und Sprungbefehle (hier besonders die indirekt adressierten GOTO-Anweisungen) steht. Er stellte daraufhin grundlegende Anforderungen an die Modellierung von Softwaresystemen auf, die die Softwareentwicklung aus diesem Dilemma herausführen sollten /DIJK72/.

1. Hierarchische Gliederung des Programmablaufs mit einer Beschränkung auf maximal sieben Ebenen.

2. Strenge Sequentialisierung, das heißt jeder Strukturblock hat nur einen definierten Eingang und einen definierten Ausgang.

3. Beschränkung der Abläufe innerhalb eines Programmes auf drei typische Grundformen. Dies sind:

   I) <u>Sequenz:</u> Sequentielle Ausführung aufeinanderfolgender Anweisungen
   II) <u>Auswahl:</u> Verzweigung des Arbeitsablaufs aufgrund einer Bedingung
   III) <u>Wiederholung:</u> Iteration mit Abbruchkriterium

Gestaltungsmöglichkeiten und Grenzen der Modellbildung 57

Zur Darstellung des Programmablaufes verwendet DIJKSTRA eine spezielle Notation, die im weiteren durch die Amerikaner NASSI und SHNEIDERMANN fortentwickelt wird /NASS73/. Diese Darstellungsform ist heute unter dem Begriff "Struktogramm", bzw. Nassy-Shneidermann-Diagramm bekannt (Bild 4.6).

In der Bundesrepublik Deutschland ist die Anwendung und Symbolsprache dieses Verfahrens durch eine DIN-Norm (DIN 66261) verbindlich festgelegt. Die Konventionen der strukturierten Programmierung ermöglichen

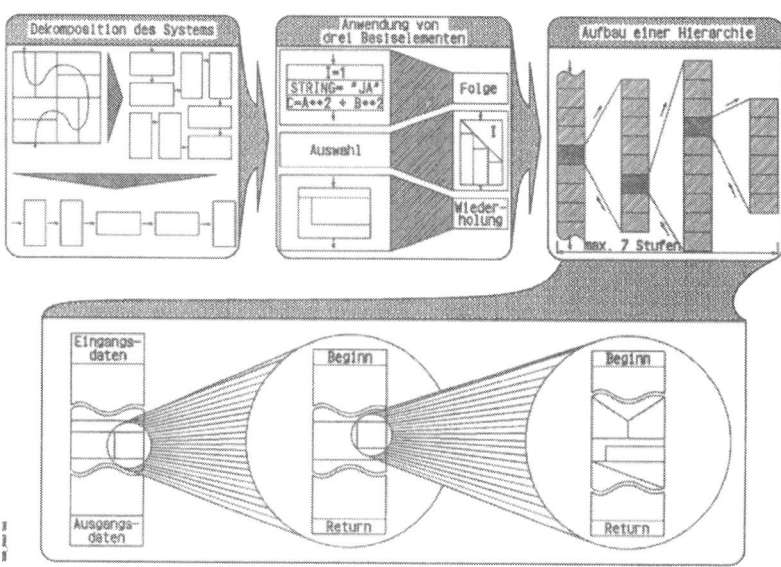

Bild 4.6: Anwendung der "Strukturierten Programmierung"

einen klaren, logischen und auch für Laien lesbaren Aufbau von Programmen. Als Nachteil dieses Verfahrens erweist sich das Fehlen einer expliziten Behandlung der Datenflüsse. Die strikte Ausrichtung auf eine Abbildung von Abläufen in Verbindung mit der strengen Zweipoligkeit von Strukturblöcken (ein Eingang - ein Ausgang) erschwert die Gesamtsicht auf die zu manipulierenden Daten.

4.5.1.3 Programmablaufpläne nach DIN 66001

Die DIN-Norm 66001 beinhaltet eine Symbolsprache zur Beschreibung von Abläufen innerhalb von größeren Systemen. In erster Linie dient sie dazu, mittels einfacher graphischer Zeichen die Abfolge von Bearbeitungsschritten übersichtlich zu visualisieren. Zur Beschreibung der Ablauflogik sieht diese Darstellungsform die Grundstrukturen der:

* Sequenz (Folge)
* Selektion (Auswahl) und
* der Wiederholung (Iteration)

vor. Im Gegensatz zur strukturierten Programmierung verzichtet diese Form der Darstellung auf das strikte Gebot der Zweipoligkeit (Bild 4.7).

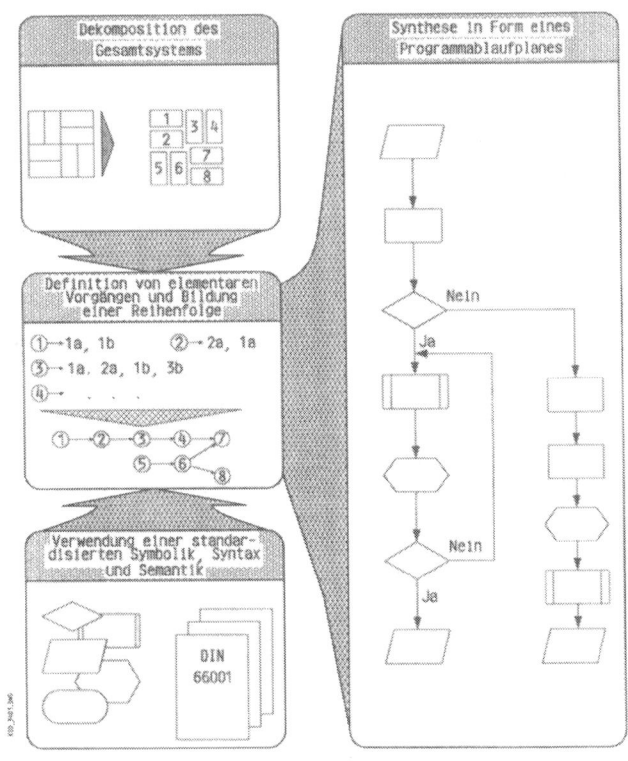

Bild 4.7: Programmablaufpläne nach DIN 66001

Die Anwendung dieses Verfahrens wird durch die zunehmende Unübersichtlichkeit bei immer komplexeren Abläufen eingeschränkt. Wie bei der strukturierten Programmierung existiert auch hier keine explizite Behandlung des Datenflusses. Dateninkonsistenzen können nicht aufgedeckt werden. Ebenso wenig erlaubt das Verfahren eine direkte Prüfung auf Redundanzen.

4.5.1.4 PETRI-Netze

Die Modellierung von Abläufen in technischen Systemen macht es häufig erforderlich, daß neben der rein statischen Darstellung der Ablaufstruktur auch das dynamische Verhalten des Modells visualisiert und überprüft werden kann. Verfahren wie HIPO oder die graphische Darstellung mittels Programmablaufplänen

Gestaltungsmöglichkeiten und Grenzen der Modellbildung 59

oder Struktogrammen unterstützen diese Prüfung auf dynamisches Verhalten nicht. Im allgemeinen erfolgt heute die Prüfung auf dynamisches Verhalten nach der Codierungsphase.

In Abhängigkeit von der verwendeten Programmiersprache stehen dem Softwareentwickler spezifische Entwicklungs-Tools (z.B. Debugger) zur Verfügung, die Auskunft über den Status von Schaltern (Verzweigungen, Abfragen) bzw. über die Belegung von Programmvariablen geben.

1982 stellte L.A. PETRI ein graphisches Verfahren der Öffentlichkeit vor, das in besonderem Maße diese dynamischen Aspekte eines Systems berücksichtigt. Sein Verfahren, das nach der speziellen Form seiner Visualisierung PETRI-Netz genannt wird, basiert auf Axiomen und Erkenntnissen der Graphentheorie /ROSE83/. Unter einem Graph wird eine Menge von Punkten verstanden, die miteinander verbunden sind. Weisen die Verbindungen der Punkte noch spezielle Eigenschaften wie z. B. Vorzugsrichtungen auf, so spricht man von gerichteten Graphen.

PETRI geht davon aus, daß sich jedes technische System in eine endliche Anzahl von Elementen zergliedern läßt, die aus einer Kombination von Zustand und Ereignis bestehen. Zustände beschreiben dabei den statischen Aspekt des Systems, Ereignisse den dynamischen. Zustände können entweder aktiviert oder deaktiviert sein. Befinden sich alle Zustände, die mit einem Ereignis verbunden, sind in einem aktivierten Zustand, so tritt das Ereignis ein und aktiviert den nächsten Zustand bzw. die nächsten Zustände. Um die Wirkrichtungen dieser Übergänge immer zweifelsfrei bestimmen zu können, werden Zustände und Ereignisse mit Pfeilen verbunden.

Das diesem Modell immanente duale Prinzip zeigt, daß PETRI sein Verfahren nicht primär für die Programmerstellung entwickelt hat. Der Anwendungsschwerpunkt liegt vielmehr im Bereich der Gestaltung von digitalen Schaltkreisen.

Die Modellbildung mittels PETRI-Netzen erfolgt in drei großen Schritten. Zuerst erfolgt eine Zerlegung des betrachteten Gesamtsystems in Teilfunktionen und weiter fortschreitend in Elementarfunktionen. Im zweiten Schritt werden die Elementarfunktionen als Elemente dargestellt, die der vorabgenannten Paarung von Zustand und Ereignis entsprechen. Der dritte Schritt beinhaltet dann die Rekombination der Elemente im Sinne der Modellbildung, das heißt, die aus der Zerlegung des Gesamtsystems bekannten kausalen Wirkzusammenhänge werden durch eine entsprechende Aneinanderreihung der Einzelelemente rekonstruiert. Die Modellbildung ist damit abgeschlossen und kann auf Korrektheit und Anwendbarkeit hin überprüft werden (Bild 4.8).

Gestaltungsmöglichkeiten und Grenzen der Modellbildung

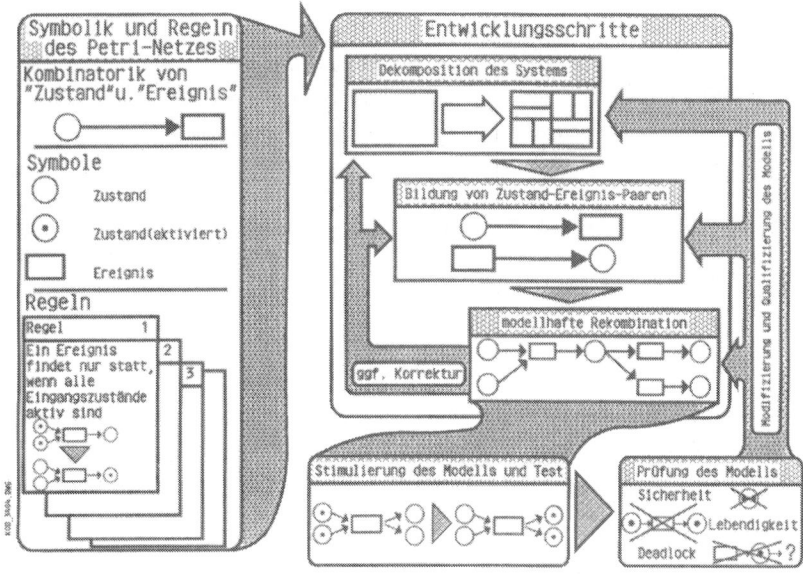

Bild 4.8: Modellbildung mittels "Petri-Netzen"

PETRI selbst nennt drei grundsätzliche Kriterien, die ein derartiges Modell erfüllen muß:

Sicherheit	Sicherheit bedeutet, daß ein Zustand nicht zweimal hintereinander aktiviert werden darf, ohne das er zwischenzeitlich in die deaktive Phase zurückgefallen ist.
Lebendigkeit	Dies bedeutet, daß jeder Zustand und jedes Ereignis des Modells mindestens einmal aktiviert wird, wobei der dem Ereignis folgendes Zustand nicht aktiv sein darf. (Letzteres wäre ein Verstoß gegen das Kriterium der "Sicherheit")
Deadlock	Unter Deadlock wird ein unerwünschter Systemstillstand verstanden. Er wird z.B. dadurch verursacht, daß nicht alle Zustände in der entsprechenden Form mit Ereignissen verbunden sind.

Gestaltungsmöglichkeiten und Grenzen der Modellbildung 61

4.5.1.5 SADT

SADT steht für Structured Analysis and Design Technique. SADT wurde in den siebziger Jahren entwickelt. Eng verbunden mit der Entwicklung dieses Verfahrens sind die Namen von D.T. ROSS und T. DEMARCO /MARC78; ROSS85/. Die SADT-Methode unterstützt die Erarbeitung eines Modelles zur Abbildung des zu untersuchenden Gesamtsystems. Hierbei wird unterschieden zwischen einem analytischen Ansatz (SA) und einem Planungsansatz (DT).

Die Analyse erfolgt in Form einer Top-Down-Vorgehensweise, also vom Allgemeinen zum Detaillierten. Das Ergebnis der Analyse ist hierarchisch strukturiert. Die Anwendung von SADT erfolgt nach Regeln und mit Unterstützung eines spezifischen graphischen Instrumentariums. Elementares Darstellungsmittel ist bei diesem Verfahren ein Rechteck, das an jeder Seite mit Pfeilen verbunden ist. Von drei Seiten (im allgemeinen rechts oben und unten) führen Pfeile in das Element hinein. Sie repräsentieren Eingangsgrößen, Steuergrößen und Hilfsmittel bzw. Methoden. An der vierten Seite des Rechtecks verläßt ein Pfeil das Element. Er steht für Ausgangsgrößen. Diese Darstellungsform kann nun zwei Bedeutungen annehmen.

Steht sie für eine Funktion, dann wird sie mit einem Verb bezeichnet, steht sie für ein Datum, dann wird sie mit einem Substantiv bezeichnet.

Entsprechend des aktuellen Charakters des Darstellungselementes nehmen die ein- und ausgehenden Pfeile jeweils eine spezifische Bedeutung an.

Die Dekomposition des Gesamtsystems und die Bildung des hierarchischen Modells erfolgt nach bestimmten Regeln und mit Unterstützung vorgegebener Formblätter. Die Analyse beginnt grundsätzlich mit einer Betrachtung der dem Untersuchungsgegenstand innewohnenden Funktionen (Bild 4.9).

Erst in einem späteren Zeitpunkt der Analyse erfolgt auch eine Berücksichtigung der benötigten Daten.

Das Verfahren selbst weist gute Möglichkeiten der Automatisierbarkeit auf, so daß dem Analytiker heute Softwareprodukte zur Verfügung stehen, die seine Arbeiten unterstützen. Mit zunehmender Komplexität der Analyse wird dem Anwender damit eine wirkungsvolle Entlastung im Bereich der Verwaltung und Prüfung (Plausibilität, Konsistenz) der Ergebnisse geboten. Zentrale Regeln zur Anwendung dieses Verfahrens zielen auch darauf ab, den Komplexitätsgrad zugunsten einer besseren Überschaubarkeit zu mindern. Hierzu gehört z.B., daß pro Teilfunktion einer Ebene nicht mehr als sechs Funktionselemente zulässig sind. Bei weniger als drei Funktionselementen erfolgt keine weitere Untergliederung. Die Anzahl der Ebenen der hierarchischen Struktur wird auf maximal acht (inklusive der obersten Konzeptebene) beschränkt. Weitere Regeln dieses Verfahrens, die hier im Detail nicht weiter erläutert werden sollen, machen Vorgaben bezüglich der Anzahl der in ein Darstellungselement hineinführenden bzw. herausführenden Pfeile oder beschränken die Anzahl der Querverbindungen einer Darstellungsebene /BALZ83/.

Die Ergebnisse einer strukturierten Analyse werden in Form von Diagrammen und unterschiedlichen Listen, z. B. Verzeichnis der Funktionen, Verzeichnis der Daten etc., dokumentiert. SADT verbindet viele Vorteile

62 Gestaltungsmöglichkeiten und Grenzen der Modellbildung

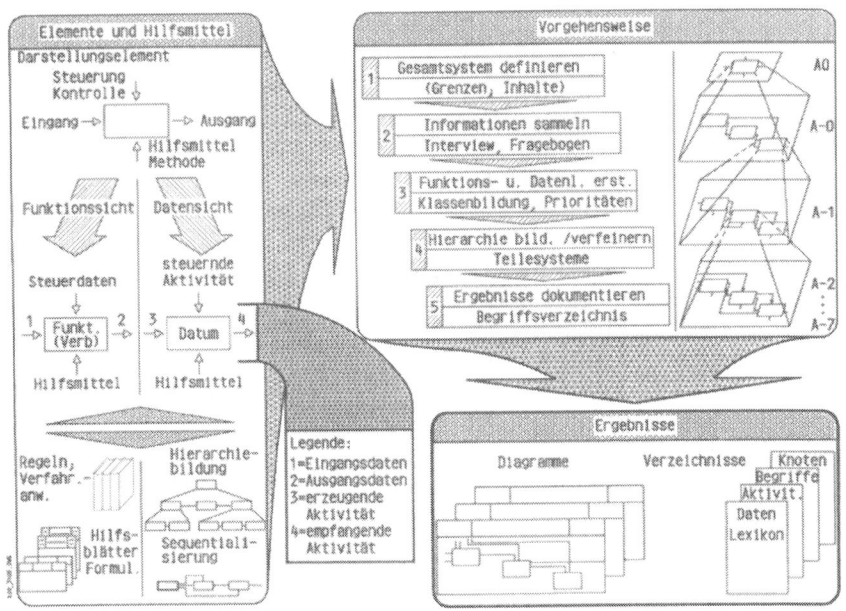

Bild 4.9: Structured Analysis and Design Technique

anderer Verfahren zur Softwareentwicklung. Hierzu gehören die Top-Down Vorgehensweise, die hierarchische Strukturierung und die Sequenzialisierung der Funktionen. Zusätzlich kommt bei diesem Verfahren noch die explizite Behandlung und Analyse des Systems aus Sicht der benötigten und erzeugten Daten hinzu. Standen bei den bislang geschilderten Verfahren Funktionen im Vordergrund, so sollen im weiteren Modellierungsmethoden dargestellt werden, die den Schwerpunkt auf die Daten legen, die in einem System benötigt und erzeugt werden.

4.5.2 Datenorientierte Gestaltungsverfahren

Mit Hilfe moderner Datenverwaltungssysteme und der ihnen zugehörigen Programmiersprachen ist es nun möglich, den funktionsorientierten Ansatz zu verlassen und einen datenorientierten Ansatz zu verwenden. Bei diesem Ansatz steht nicht mehr das oben erwähnte EVA-Prinzip im Vordergrund, sondern die Überlegung, daß die Datenspeicherung in einer Softwareanwendung ein Abbild der Realität darstellt. Für ein produzierendes Unternehmen bedeutet dies, daß die Datenspeicherung so erfolgen muß, daß das produktionstechnische Umfeld aus den gespeicherten Daten rekonstruiert werden kann. Dabei muß berücksichtigt werden, daß es im besonderen Maße Aufgabe der Qualitätssicherung ist, dynamische Aspekte des Fertigungsgeschehens, d.h. Veränderungen in Fertigungsprozessen und Abweichungen an den Produkten, zu erfassen und darzustellen. Eine Datenspeicherung darf also nicht alleine der Identifizierung und Beschreibung zeitlich invarianter Eigenschaften dienen, sondern muß zusätzlich dynamische Eigenschaften der Objekte berücksichtigen und zusätzlich Abhängigkeiten der unterschiedlichsten Produktionsprozesse (Produkt-Maschine; Baugruppe-Teil; Kundenforderung-Prüfmerkmal) beschreibbar machen.

4.5.2.1 Hierarchisches Modell

Hierarchische Gliederungen von Datenbeständen sind klassisch und werden in der Datenverarbeitung vielfach verwendet. Dabei weist die Beziehung zwischen den einzelnen Datensätzen eine Baumstruktur auf. Bild 4.10 zeigt eine derartige Baumstruktur mit vier Ebenen.

Ein Baum besteht aus mehreren Datensätzen, die Knoten genannt werden. Die höchste Ebene einer Hierarchie hat nur genau einen Knoten, der als Wurzel bezeichnet wird. Mit Ausnahme der Wurzel hat jeder Knoten einen übergeordneten Knoten, genannt Eltern-Knoten. Kein Element kann mehr als einem Elternelement zugeordnet sein; jedes Element kann aber ein oder mehrere abhängige Elemente auf tieferer Stufe besitzen (1:n-Struktur). Diese werden Kinder genannt. Elemente an den Enden der Verzweigungen, daß heißt ohne Kinder, werden Blätter oder Endknoten genannt /MART87/.

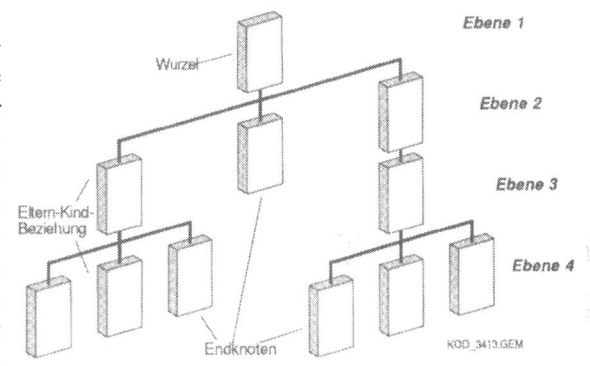

Bild 4.10: Baumstruktur über vier Ebenen

Das hierarchische Modell bietet große verarbeitungstechnische Vorteile, da sich Hierarchien so einfach wie unstrukturierte Dateien auch sequentiell verarbeiten lassen /ZEHN89/. Daraus resultieren zwar einerseits kurze Zugriffszeiten, andererseits weist dieses Modell aber eine geringe Flexibilität bezüglich der Modifikation der Datenstrukturen auf /MMM 88/. Zudem sind viele praktische Datenprobleme mit einer einzigen Hierarchie nicht vollständig darstellbar. So bereitet vor allem die eindeutige Abbildung von Vorgänger-Nachfolger--Beziehungen große Schwierigkeiten /AWK90/. Die Datensätze gehören oft gleichzeitig verschiedenen Hierarchien an. Dies zerstört die Einfachheit und gab Anlaß zu der Entwicklung von Netzwerktopologien.

4.5.2.2 Das Netzwerk-Modell

Das Netzwerkmodell ist vor allem durch die Arbeiten von BACHMANN und der CODASYL-Gruppe (Conference on Data System Languages) bekannt geworden /BACH69/. Die CODASYL-Gruppe -eine Vereinigung von EDV-Anbietern und -Anwendern- hat bereits 1969 Vorschläge für Datenstrukturen in Netzwerkform veröffentlicht /SCHE87/.

Beim Netzwerkmodell werden die Daten in "record types" festgehalten. Diese werden graphisch als rechteckige Kästen dargestellt. Unterschieden werden "owner-records" und "member-records". Ein "owner-record" bildet zusammen mit einem oder mehreren "member-records", die logisch von ihm abhängen, ein "data-structure-set". Die Abhängigkeit wird graphisch durch einen Pfeil ausgedrückt (Bild 4.11).

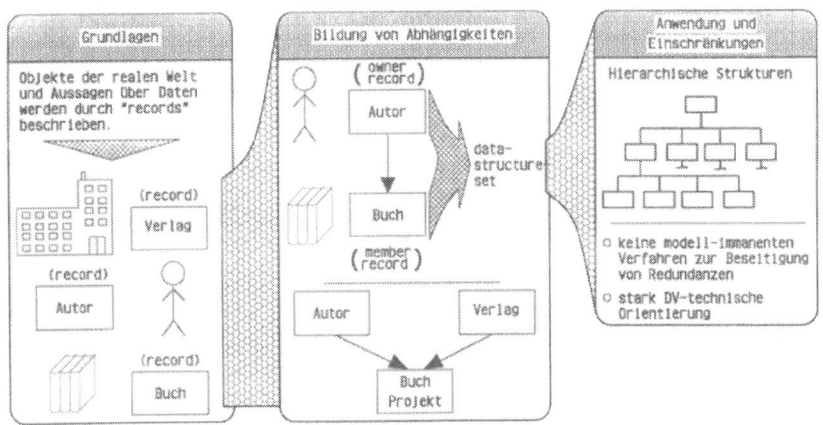

Bild 4.11:   Das Netzwerk-Modell nach BACHMANN

Im Gegensatz zu streng hierarchisch gegliederten Organisationsformen ist das Netzwerk nicht mehr eindeutig linear ordnungsfähig, denn einer Kind-Satzart kann nicht eindeutig eine Eltern-Satzart zugeordnet werden (Bild 4.12).

Jeder Knoten in einem Netzwerk kann mit jedem anderen Knoten verknüpft sein (m-m-Beziehung). Netzwerke lassen sich daher nicht direkt auf einfache physische Speicherorganisationen für große Datenmengen abbilden, so daß bei Verwendung dieses Datenmodells ein erheblicher Organisationsaufwand nötig ist. Andererseits darf nicht darüber hinweggesehen werden, daß das Netzwerk erlaubt, die für die Datenpraxis sehr wichtige m-m-Beziehung ("mehrere zu mehreren") direkt darzustellen. Diese doppelte Hierarchiebeziehung übersteigt die Leistungsfähigkeit eines einfach physisch linear abgestützten Hierarchiemodells, weshalb Netzwerkmodelle breites Interesse gefunden haben. Als entscheidendes Handicap erweist sich, neben dem bereits erwähnten hohen Verwaltungsaufwand, das dem Modell eigene Defizit an Verfahren zur Aufdeckung von Redundanzen. Aus diesen Gründen erreichte das Netzwerk-Modell keine breite Anwenderschicht.

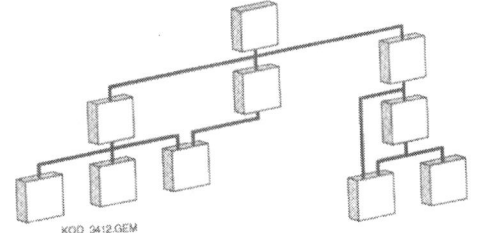

Bild 4.12:   Beispiel einer Netzwerkstruktur

In den letzten Jahren haben sich das Relationenmodell und auch das Entity-Relationship-Modell dank ihrer einfacheren Grundstruktur immer stärker auf Kosten der Hierarchie- und Netzwerkmodelle verbreitet /BAZE89/.

4.5.2.3 Relationales Modell

1970 entwickelte E. CODD ein Modell, das Aussagen über Daten in Form von Relationen darstellt /CODD70/. Unter Relation ist eine Tabelle zu verstehen, deren Zeilen Tupeln genannt werden und deren Spaltenüberschriften Domänen heißen. Jedes Tupel einer Relation (jede Spalte dieser Tabelle) besteht aus einer definierten Menge von Elementen, die eine bestimmte Beziehung zueinander haben.

Eine Relation R ist also definiert als Teilmenge eines kartesischen Produktes der Mengen W_i:

$$R \subseteq W_1 \times W_2 \times ... \times W_n = \{(w_1, w_2, ..., w_n) \mid w_i \in W_i\}$$

Jedes Element der Teilmenge R stellt somit einen Tupel mit n Werten dar. Zur besseren Anschaulichkeit ist die Darstellung in Tabellenform üblich. Dabei entspricht jede Tabellenzeile einem Tupel. Die Spalten einer Tabelle bezeichnet man als Attribute (oder Merkmale) einer Relation. Die einzelnen Elemente daraus nennt mann Attributwerte. Alle Attributwerte eines Attributes entstammen einer Domäne (Datenmenge gleichen Datentyps). Bild 4.13 verdeutlicht den Sachzusammenhang und zeigt die benutzte Terminologie auf.

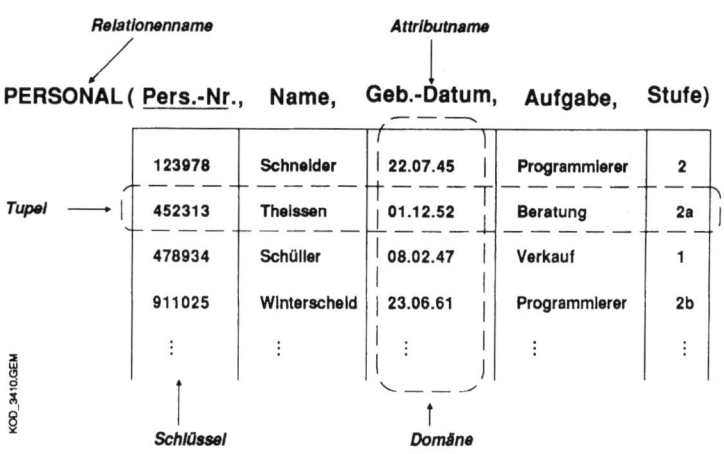

Bild 4.13: Beispiel einer Relation

Folgende Eigenschaften charakterisieren Relationen:

* Jede Relation verfügt über einen eindeutigen Namen

* Eine Relation verfügt über m Attribute mit einem eindeutigen Attributnamen. Dabei ist die Reihenfolge der Attribute unerheblich.

* Eine Relation kann 0 - n Tupel aufweisen, wobei keine gleichen Tupel doppelt vorkommen dürfen. Auch hier ist die Reihenfolge der Anordnung unerheblich.

* Die Attributwerte eines Attributes sind homogen.

* Jede Relation hat mindestens einen Schlüssel (Attribut oder minimale Attributskombination), der jeden Tupel eindeutig identifiziert.

* Die formale Beschreibung einer Relation lautet nach CODD:

NAME(1.Attr, 2.Attr, ..., 3.Attr)

Der Ausdruck vor der Klammer ist der Name der Relation; die Ausdrücke innerhalb der Klammern sind die Namen der Attribute. Die unterstrichenen Attribute bilden die Schlüssel.

CODD verfolgt mit dieser Beschreibungsform das Ziel, die relevanten Eigenschaften von Objekten der realen Welt in möglichst einfachen Tabellen darzustellen. Um weiterführende und "neue" Aussagen zu den Objekten der realen Welt zu erhalten, wendet er die Möglichkeiten von Mengenoperationen (z. B. Schnittmengenbildung) und Normalisierungsverfahren an. Er beabsichtigt damit, durch entsprechende Zerlegung bzw. Verbindung der Tabellen zusätzliche Aussagen zu den bereits vorhandenen Daten zu gewinnen (Bild 4.14).

Frühe Anwendungen des relationalen Modells zeigten einige Schwächen dieses Konzeptes auf. So berücksichtigte das Modell z. B. keine semantischen Aspekte. Die Bedeutung der Daten war auf die einzelne Tabelle beschränkt. Die Tabellen selbst existierten unabhängig voneinander.

Weiterhin hatte das Modell keine Strukturtiefe. Eine Aussage: "Zu einem Haus gehören immer mehrere Räume, ein Raum gehört immer genau zu einem Haus" ließ sich in diesem Modell nicht abbilden. Aufgrund dieser Kritik stellte CODD 1979 ein erweitertes relationales Modell der Öffentlichkeit vor, das der Bedeutung der Daten mehr Gewicht zumaß /CODD79/.

Obwohl das Relationenmodell zu diesem Zeitpunkt bereits seit einem Jahrzehnt beschrieben war, waren die Grundzüge des Modells auch in Fachkreisen Anfang der achtziger Jahre noch wenig bekannt. Geeignete relationale Datenbanksysteme für den praktischen Einsatz stehen etwa seit 1984 zu Verfügung und gewinnen bei der Realisierung rechnergestützter Informationssysteme zunehmend an Bedeutung, denn:

Gestaltungsmöglichkeiten und Grenzen der Modellbildung 67

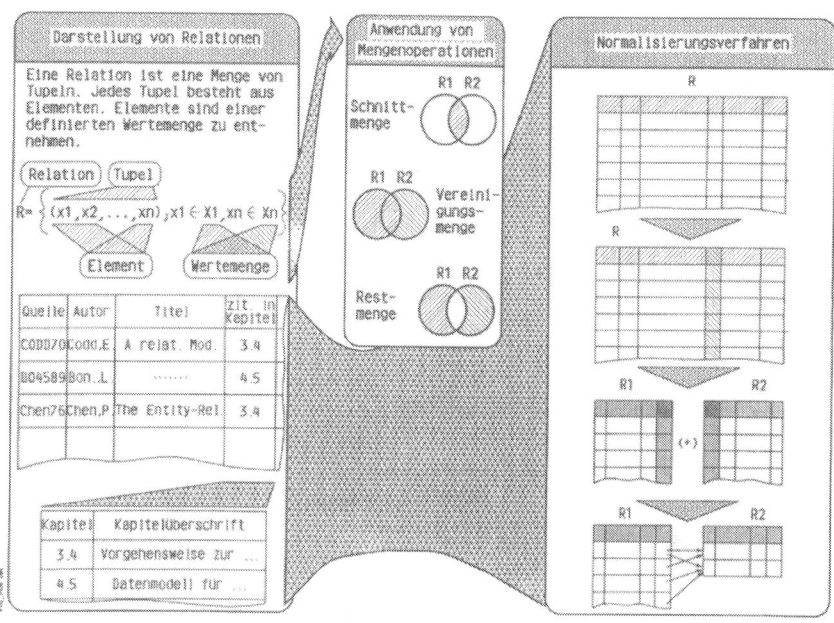

Bild 4.14: Relationales Modell nach CODD

* das Relationenmodell ist einfach und leicht verständlich, da es auf "naheliegenden" Konzepten, namentlich Tabellen, basiert,

* es ermöglicht eine systematische Analyse der Daten und bietet sinnvolle Hilfen bei der Gruppierung der Merkmale und

* Es unterstützt nicht nur konzeptionelle Arbeiten, sondern ist auch auf eine redundanzfreie, physische Speicherung ausgerichtet, ohne daß damit das vorgesehene physische Datenmodell oder gar die künftige Verwendung der Daten durch die Entwurfsarbeit präjudiziert würde /ZEHN89/.

Datenbank-Überlegungen bezwecken in vielen Fällen die Elimination unnötiger Redundanz, einmal wegen des Speicheraufwandes, namentlich aber weil sogenannte Mutationsanomalien auftreten können, wenn redundant gespeicherte Daten nicht mitmutiert werden. Auf der konzeptionellen Ebene ist Redundanz daher grundsätzlich zu vermeiden. Dies gelingt mit Hilfe der CODD'schen Normalformenlehre. CODD unterscheidet dabei drei Normalformen:

1. Eine Relation $R \subseteq W_1 \times W_2 \times ... \times W_n$ heißt normalisiert oder in der ersten Normalform, wenn die Mengen W_i selbst keine Relationen, sondern elementare Mengen sind.

2. Eine Relation R ist in der zweiten Normalform, wenn sie in der ersten Normalform ist und zusätzlich alle Nicht-Schlüsselattribute voll funktional von den Schlüsselattributen abhängig sind.

3. Eine Relation R ist in der dritten Normalform, wenn sie in der zweiten Normalform ist und zusätzlich für alle Schlüsselattribute W_i gilt: es gibt keinen Primärschlüssel, von dem W_i transitiv abhängig ist /SCHA89/.

Bild 4.15 veranschaulicht den CODDschen Normalisierungsprozeß.

Bis zu welchem Grad Normalisierungsstrategien auf Datenbestände angewendet werden können, liegt häufig im Ermessen des Modellschaffenden. Er muß zwischen dem Aufbau einer möglichst "reinen" Form und der erwünschten Praktikabilität abwägen. Die fortgesetzte Zerlegung von Relationen führt häufig zu sehr vielen kleinen Relationen mit wenigen Attributen, die bei bestimmten Auswertungen wieder zusammengeführt werden müssen. Das Zusammenführen vieler Relationen geht aber zu Lasten der Performance (Laufzeit). Beim Datenbankdesign ist daher von Fall zu Fall abzuwägen, ob man der sauberen Einhaltung der Normalform oder Performance-Aspekten den Vorrang gibt /FRIC86/.

Zusammenfassend lassen sich folgende Vorteile relationaler Datenbanken - insbesondere wenn sie normalisiert sind - gegenüber Datenbanken mit anderen Datenstrukturen formulieren:

* Inhaltliche Beziehungen zwischen einzelnen Tabellen einer relationalen Datenbank sind nicht starr, sondern werden dynamisch zum Zeitpunkt der Abfrage oder Manipulation aufgebaut.

* Die Sprachen beinhalten Leistungsmerkmale von Rechner-Sprachen der vierten Generation. Der Anwender/Programmierer übermittelt dem Rechner in einer sehr kompakten - nicht prozeduralen - Sprache, was er tun soll, nicht wie er es tun soll /BONS89/.

* Das zugrunde gelegte Konzept fördert die Flexibilität die Verständlichkeit, die Nachvollziehbarkeit und die Produktivitätssteigerung der Systementwicklung /FRIC86/.

* Es lassen sich Systemoberflächen für den Anwender entwickeln, die seinem natürlichen Umgang bei der Suche nach Informationen unterschiedlichster Art aus Tabellen weit entgegenkommen, denn tabellarische Datenhaltungen sind sowohl auf dem Papier als auch "auf dem Rechner" vielfach anzutreffen.

* Die Implementation des Modells kann dabei sowohl auf konventionellen -hierarchisch oder netzwerkorientierten- als auch relationsunterstützenden Datenbankmanagementsystemen erfolgen.

Gestaltungsmöglichkeiten und Grenzen der Modellbildung

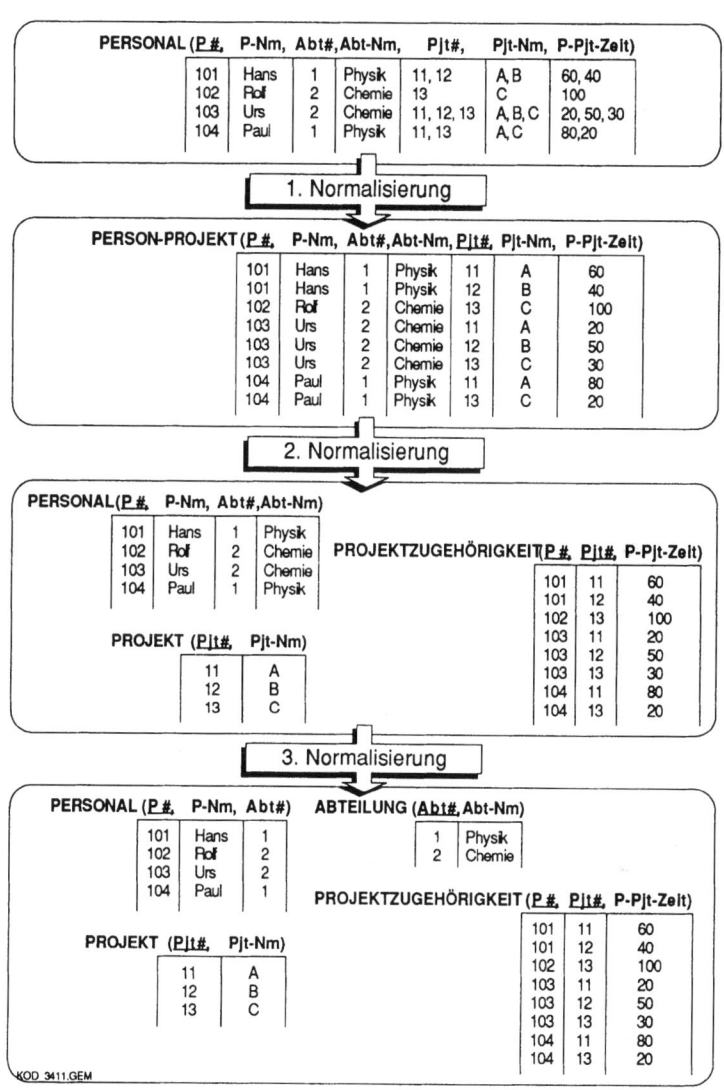

Bild 4.15: CODDscher Normalisierungsprozeß

4.5.2.4 Das Entity-Relationsship-Modell

Das Entity-Relationship-Modell wurde von CHEN 1976 erstmalig vorgestellt /CHEN76/. Das Modell unterscheidet zwischen Informationsobjekten ("Entity") und Beziehungen zwischen diesen Informationsobjekten ("Relationships").

Informationsobjekte können hierbei sowohl materielle Objekte (PKW, Mensch, Maschine) als auch immaterielle Objekte (Bestellung, Lieferung, Zahlung) sein. Gleichartige Objekte werden in diesem Modell zu einem "Entitätstyp" zusammengefaßt. Die Menge aller Objekte eines Entitätstyps bilden ein Entitäts-Set.

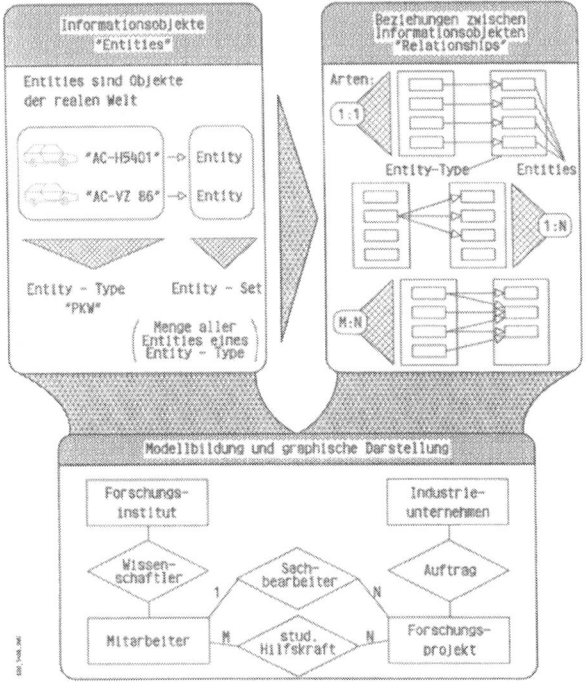

Die Beziehungen zwischen Informationsobjekten weisen diesen bestimmte Rollen (eine bestimmte Bedeutung) zu.

Bild 4.16: Das Entity-Relationship-Modell nach CHEN

So kann z. B. die Entität "Person" in Verbindung mit der Entität "Unternehmen" die Rolle "Mitarbeiter" haben. Umgekehrt hat die Entität "Unternehmen" in dieser Relation die Rolle "Arbeitgeber". (Siehe auch die Kritik an dem relationalen Modell von CODD). CHEN unterscheidet drei Grundformen der Relation. Die 1:1-Relation, die 1:m-Relation und die m:n-Relation (Bild 4.16).

Zur Darstellung der Informationsobjekte und ihrer Beziehungen untereinander entwickelte CHEN eine besondere Notation, daß sogenannte Entity-Relationship-Diagram. Dem Entity-Relationship-Modell ist im Hinblick auf die Möglichkeiten semantischer Sachverhalte eine besondere Eignung zuzumessen.

4.5.3 Zusammenfassung und Bewertung der Verfahren hinsichtlich der Entwicklung eines Datenmodells für CAQ-Anwendungen

Zur Gestaltung von EDV-Applikationen bieten sich also grundsätzlich

* eine funktionsorientierte oder
* eine datenorientierte Vorgehensweise an (Bild 4.17).

Bei der funktionsorientierten Vorgehensweise werden zunächst die für die jeweilige Anwendung zu unterstützenden Funktionen und Tätigkeiten eruiert und erst im folgenden Schritt die hierfür benötigten Daten zusammengestellt. In der Regel sind innerbetriebliche Abläufe durch vielfältige unterschiedliche Tätigkeiten mit einer eingeschränkten Vielfalt der Datentypen (im Gegensatz zur Vielfalt der jeweiligen Dateninhalte!) gekennzeichnet, sodaß als Folge dieser Vorgehensweise eine hohe Datenredundanz zu erwarten ist. VETTER spricht in diesem Zusammenhang von einem "Jahrhundertproblem der Informatik" und meint damit die Aufgabe, historisch, zuweilen hysterisch, auf jeden Fall aber archaisch und unkontrolliert gewachsene Datenbestände in eine Datenbasis für Jedermann zu transformieren /VETT88/.

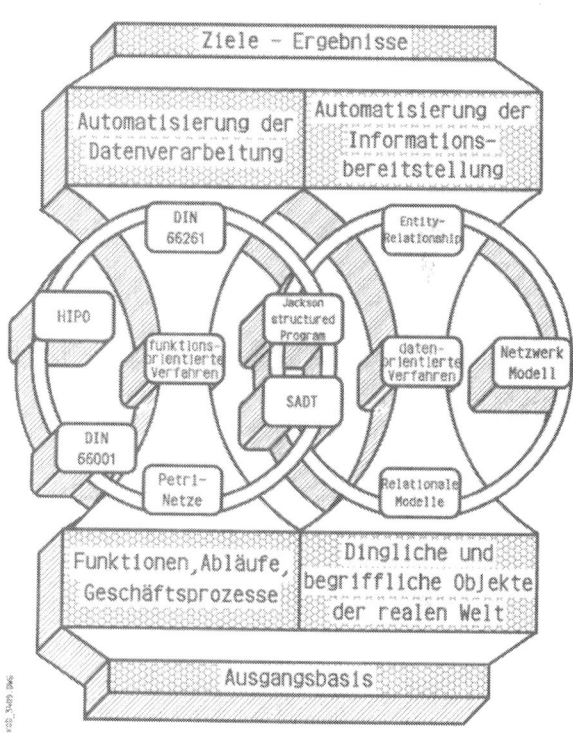

Bild 4.17: Übersicht zu Modellierungsverfahren von DV-Applikationen

Im besonderen erschwert diese Vorgehensweise das Erkennen von Zusammenhängen in komplexen Systemen und führt selbst wieder zu Anwendungssystemen hoher Komplexität, die sich selbst dann auch durch eine Unüberschaubarkeit und Undurchschaubarkeit auszeichnen /WEIZ84/. Auch die nachträgliche Integration von neu entwickelten Funktionen gestaltet sich meist schwierig, da bei der Konzeption des Datenmodells, entsprechend der oben beschriebenen Vorgehensweise, nur die Datentypen der bestehenden Anwendungen berücksichtigt wurden. Eine Untersuchung zum Tätigkeitsprofil von Informatikern in Industrieunternehmen belegt dies auf eindrucksvolle Weise (Bild 4.18).

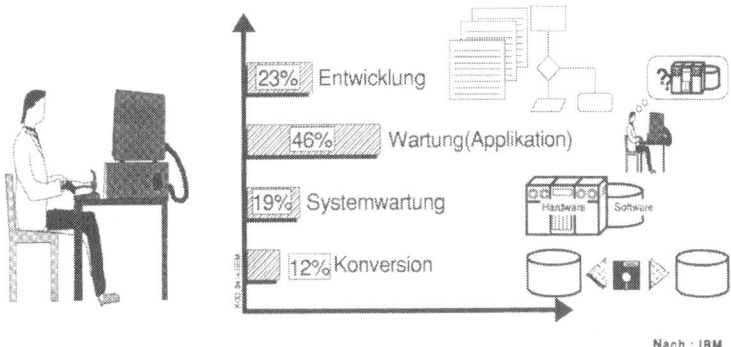

Nach : IBM

Bild 4.18:   Tätigkeitsprofil des Informatikpersonals

Nur knapp ein Viertel des Personal beschäftigt sich mit der Entwicklung neuer Software, jeder zweite ist mit der Wartung alter Applikationen befaßt. Jeder achte führt einzig und allein Datenkonvertierungen durch, eine Aufgabe, die bei einer datenorientierten Gestaltung ersatzlos entfallen würde. Ein Beispiel für die funktionsorientierte Entwicklung eines Qualitätsdatenmodells gibt /EVER87/.

Bei der datenorientierten Vorgehensweise stehen die Daten im Mittelpunkt der Betrachtung /VETT88/.

> *Datentypen sind im Interesse des Zustandekommens einer umfassenden Gesamtschau prioritär zu behandeln, vermögen jene doch als Dreh- und Angelpunkt in Erscheinung zu treten, auf den sich alles übrige beziehen läßt."/VETT88/*

Viele Unternehmen haben die Richtigkeit dieser These erkannt und versuchen, ihre EDV-Anwendungen immer stärker auf dieses Ziel auszurichten.

Gewichtige Vorteile sprechen für die datenorientierte Vorgehensweise, die VETTER im Schlagworten wie folgt umreißt /VETT89/:

- ★ Es ergeben sich integrierte, vielfach nutzbare Datenbanken.
- ★ Die Anwendung einer systematischen Vorgehensweise führt fast zwangsläufig zu redundanzfreien Datenbeständen.
- ★ Nicht alle Funktionen müssen vorab bekannt sein, sie lassen sich auch noch später integrieren.
- ★ Sie erlaubt spontanes Abfragen und schafft damit die Grundlage für Informationssysteme.
- ★ Sie schafft die Voraussetzungen für eine verteilte Datenverarbeitung.

Die zukunftsträchtige datenorientierte Vorgehensweise rechtfertigt J. Martin /MART85/ folgendermaßen:

* Im Mittelpunkt der modernen Datenverarbeitung stehen die Daten.
* Die in einem Unternehmen verwendeten Datentypen ändern sich mit der Zeit nicht wesentlich.
* Die Daten eines Unternehmens existieren unabhängig von ihrer Verwendung.

Aufgrund der mächtigen Vorteile der datenorientierten Vorgehensweise soll diese im weiteren Verlauf der Arbeit zur Anwendung kommen. Hierbei nimmt das relationale Modell eine zentrale Position ein.

Die Bestimmung der Form einer umfassenden Datenspeicherung erfolgt dabei in drei Grundschritten:

* Ermittlung der notwendigen Datenelemente
* Bildung typischer und repräsentativer Datengruppen und
* Entwicklung übergeordneter Strukturen zur Weitergabe, Speicherung und Bereitstellung von Informationen.

Innerbetriebliche Formen der Aufbau- und Ablauforganisation sowie die Inhalte der unternehmensinternen Kommunikation orientieren sich an der betrieblichen Wirklichkeit. Bildet die Datenspeicherung die Wirklichkeit ab, so müssen alle informationstechnischen Funktionen eines Unternehmens bei Bedarf durch den Rechner unterstützbar sein. Im Gegensatz zu einer funktionsorientierten Entwicklung von EDV-Applikationen legt die datenorientierte Modellierung der Implementierung neuer Funktionen keine Beschränkungen auf. Zusätzlich führt die damit verbundene Bildung von einheitlichen Datenstrukturen und -gruppen zu einer tiefgreifenden Vereinfachung des Datenaustausches. Die Modellierung von Schnittstellen muß nicht mehr auf der Ebene einzelner Datenelemente erfolgen, sondern kann durch die Verwendung übergeordneten Strukturelemente im Aufwand deutlich reduziert werden. Analog wird der Zugriff aus externen Anwendungen und der Zugriff auf verteilte Datenbestände vereinfacht. Damit werden Grundvoraussetzungen für die Integration zur Zeit noch isolierter CAQ-Applikationen in das CIM-Umfeld geschaffen.

5 Entwicklung des Datenmodells

5.1 Aufbau des logischen Datenmodells

Entscheidenden Einfluß auf die integrierende Wirkung der Qualitätsdatenbasis hat die Leistungsfähigkeit des zugrunde liegenden Datenmodells (Bild 4.3). Allgemein ist ein Modell nach W. SEILER /SEIL85/ gekennzeichnet durch die Extrahierung relevanter Informationseinheiten und deren Beziehungen aus der realen Umgebung. Ein Datenmodell für die Belange der Qualitätssicherung muß demnach alle Daten und deren Beziehungen, die die Qualität von Produkt und Produktion in den verschiedenen Bereichen des Unternehmens beschreiben, abbilden können.

5.2 Vorgehensweise

Der Entwurf des Datenmodells erfolgt in zwei Schritten. Zunächst wird auf einer abstrakten Ebene ohne Bezug zu konkreten Datenbanksystemen das sogenannte konzeptionelle -oder auch logische- Datenmodell entwickelt (Kap. 5.3 und 5.4). Das konzeptionelle Datenmodell gibt ein rein datenorientiertes Abbild der Realität wieder. Im zweiten Schritt wird das konzeptionelle Datenmodell in ein Datenbankmodell überführt (Kap. 5.5). Das Datenbankmodell richtet sich bereits an den Eigenschaften konkreter Datenbanksysteme aus (z.B Netzwerk-, relational-orientiert) /SCHE87/.

Das konzeptionelle Datenmodell erfaßt alle qualitätsrelevanten Objekte und Ereignisse im Unternehmen, sowie deren Eigenschaften und Beziehungen. Zu deren Ermittlung beschreibt Vetter /VETT89/ vier mögliche Vorgehensweisen:

* Realitätsbeobachtungen,
* Analysen, der im Rahmen einer Applikation zu produzierenden Formulare und Bildschirmausgaben,
* Analysen existierender Datenbestände und
* Interviews.

Im allgemeinen wird man durch durch die Anwendung verschiedener Vorgehensweisen die Ergebnisse der Betrachtungen gegenseitig überprüfen bzw. ggf. ergänzen. Im Rahmen dieser Arbeit kamen Realitätsbeobachtungen (aus einer Vielzahl durchgeführter Industrieprojekte), Beleganalysen (ca. 130 Erfassungsformulare für Qualitätsdaten aus 17 Unternehmen) und Interviews mit Unternehmen verschiedener Branchen (im Schwerpunkt: Maschinenbau, Elektrotechnik und Software-Entwicklung) zum tragen.

Für die nachfolgend notwendige Datenstrukturierung verfolgt man gegenwärtig zwei Entwicklungsrichtungen, den *Konstruktionsansatz* und den *Modellierungsansatz* /SCHE87/.

Beim *Konstruktionsansatz* werden die Sachverhalte unter dem Gesichtspunkt ihrer Datenstruktur reflektiert. Während des Konstruktionsprozesses werden aus den eingeführten Begriffen durch Verknüpfung neue

Entwicklung des Datenmodells

hergeleitet. Es liegen somit nicht nur am Anfang der Strukturierung semantisch erklärbare Sachverhalte vor, sondern der gesamte Konstruktionsprozeß wird auf der semantischen Ebene durchgeführt. Dies führt zunächst zur Rekonstruktion bekannter Zusammenhänge aus einem anderen Blickwinkel und weiterhin zur Konstruktion von neuen Zusammenhängen /SCHE87, ORTN83/.

Beim *Modellierungsansatz* wird ein Ausschnitt der Realität vorgegeben, der dann mit Hilfe formaler mathematischer Operationen -ohne weitere Beachtung der Sachverhalte- in einfachere, redundanzfreie Strukturen umgeformt wird.

Bei integrierten multifunktionalen Systemen darf es keine anwendungsbezogene Datenhaltung geben. Vielmehr muß bei der Konzeption eines Datenmodells für integrierte Systeme die Denk- und Suchlogik des Menschen im Vordergrund stehen. Daher sollen nachfolgend logische Datenstrukturen von qualitätsrelevanten Daten **konstruiert** werden, die weitestgehend losgelöst von betrieblichen Anwendungen und Funktionen existieren. Der Modellierungsansatz kommt bei Bedarf nach der Konstruktionsphase zum tragen, um den Objekten innewohnende formale, logische oder mathematisch-funktionale Eigenschaften und Abhängigkeiten darzustellen. Soll es gelingen, die Daten von den Funktionen zu trennen, so muß man sich fragen, woran die in den Unternehmen vorhandenen Daten funktionsneutral gebunden werden können. Der Begriff des Merkmals nimmt hier eine Schlüsselposition ein. Ein Merkmal kann definiert werden als

"eine Eigenschaft, die das Erkennen von Einheiten ermöglicht, und die beschrieben oder untersucht werden kann, um die Erfüllung oder Nichterfüllung von Anforderungen festzustellen" /DIN 89/.

Wie <u>Bild 5.1</u> zeigt, "begleitet" der Begriff des Merkmals das Produkt über den gesamten Lebenszyklus.

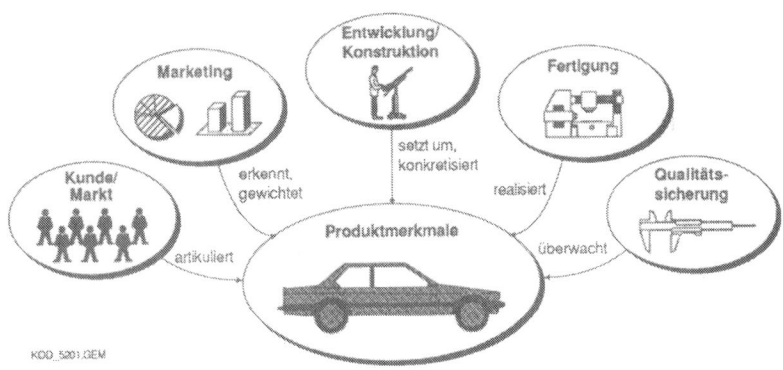

Bild 5.1: Der Begriff des Merkmals in den einzelnen Produktentstehungsphasen.

Der Kunde bzw. der Markt artikuliert Anforderungen an ein Produkt in Form von Merkmalen. Aufgabe von Marketing und Vertrieb ist es, diese Merkmale zu erkennen und zu bewerten. In der Entwicklung, Konstruktion und Arbeitsplanung werden die als wichtig erkannten Produktmerkmale konkretisiert und in technologische und geometrische Merkmale überführt. Die Realisierung der Merkmale erfolgt in den operativen Bereichen wie Fertigung und Montage.

Die zentrale Rolle des Merkmals in der Qualitätssicherung spiegelt sich in den nach DIN 55350T11 /DIN 89/ oder ISO 8402 /ISO 90/ festgelegten Begriffen wider, die der Merkmalsbegriff wie ein roter Faden durchzieht.

Bild 5.2 zeigt die Grundstruktur des zu entwickelnden merkmalsbezogenen Qualitätsdatenmodells.

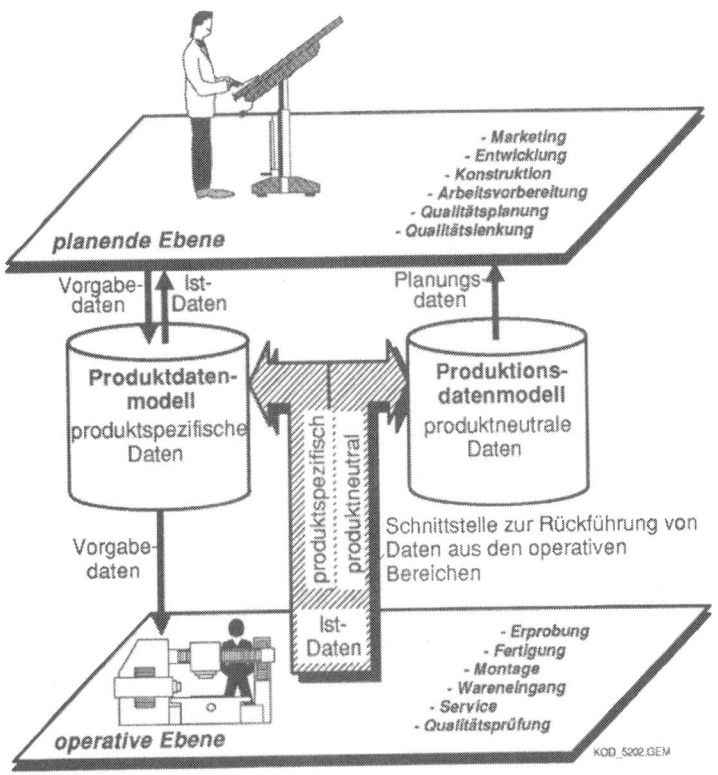

Bild 5.2:   Die Grundstruktur des Qualitätsdatenmodells

Die Grundstruktur soll zunächst kurz beschrieben werden.

Entwicklung des Datenmodells 77

Das gesamte Modell besteht aus

* dem Produktdatenmodell,
* dem Produktionsdatenmodell und
* einer Schnittstelle zur Rückführung von Daten aus den operativen Bereichen.

Das Produktdatenmodell enthält alle qualitätsrelevanten, unternehmensinternen und -externen, produktspezifischen Merkmale, die im Produktlebenszyklus vom Marketing über die Produktion und Auslieferung bis zum Ablauf der Produktverantwortung anfallen. Es wird in erster Linie mit Vorgabe-Daten (erzeugt in den planenden Bereichen des Unternehmens) gefüllt. Der operative Bereich greift auf die im Produktdatenmodell abgelegten Vorgabe-Daten zu. Die aus den Vorgaben im operativen Bereich resultierenden Ist-Daten werden über eine Schnittstelle in das Produktdatenmodell zurückgeführt. Die planende Ebene greift auf die Ist-Daten zu und wird bei Abweichungen erneut planend tätig.

Zur effizienten Ausführung ihrer Tätigkeiten greift die planende Ebene auf die produktneutralen Daten des Produktionsdatenmodells zu. Das Produktionsdatenmodell beschreibt die Fähigkeit des Unternehmens (besonders die der Abläufe und Betriebsmittel), geforderte Merkmale zu realisieren und repräsentiert somit einen großen Teil des Unternehmenspotentials. Gefüllt wird das Produktionsdatenmodell mit den Daten bereits realisierter Merkmale (Historien-Daten). Dazu werden im operativen Bereich anfallende Ist-Daten und Kennwerte über die Schnittstelle in das Produktionsdatenmodell übertragen.

5.3 Produktdatenmodell in der Qualitätssicherung

Die Entwicklung des Produktdatenmodells wird, ausgehend von den Kundenforderungen in Richtung der Realisierungsphase aufgebaut.

5.3.1 Datenmodell für die Erfassung der Kundenforderungen

5.3.1.1 Abbilden der Kundenanforderungen

Die genaue Beachtung der Kundenwünsche bzw. der Anforderungen des Marktes bei der Gestaltung des Produktes und der Erzeugung der konstruktiven Vorgaben ist eine Grundvoraussetzung für die qualitätsgerechte Produktgestaltung. Denn qualitätsgerechte Produktgestaltung heißt zunächst kundengerechte Produktgestaltung. Wird diesem Sachverhalt nicht ausreichend Rechnung getragen, so besteht die Gefahr, daß

* das Produkt Merkmale aufweist, die sich im Verlauf der Realisierung von den Kundenwünschen entfernt haben und

* Unternehmensressourcen auf unwesentliche, das heißt am Markt oder vom Kunden nicht gewünschte Merkmale konzentriert werden /WARN89/.

Um eine kundengerechte Produktgestaltung zu ermöglichen, müssen zunächst die vom Kunden gewünschten Merkmale genau erfaßt werden. Hier sind zwei verschiedene Fälle zu unterscheiden. Da ist zum einen das Unternehmen mit auftragsgebundener Fertigung. Hier tritt der Vertrieb direkt mit dem Kunden in Kontakt, ermittelt die gewünschten Produktmerkmale und dokumentiert diese in Form einer Checkliste oder eines Pflichtenheftes. Zum anderen sind Unternehmen zu berücksichtigen, die für den anonymem Marktbedarf produzieren. Hier gestaltet sich die Ermittlung und die Gewichtung der gewünschten Merkmale deutlich schwieriger. Die Entwicklung erfolgversprechender Produktmerkmale bis hin zur gezielten Beeinflussung des Marktverhaltens ist bei diesen Unternehmen die Aufgabe der Marketingabteilung. Zur Ermittlung des anonymen Marktbedarfs werden unternehmensextern z.b. Umfragen oder Interviews durchgeführt. Aber auch die Analyse von vorhandenen unternehmensinternen Informationen, wie Kundenbeschwerden oder Serviceberichten kann wichtige Hinweise liefern.

Ein Beispiel für das Ergebnis einer Kundenbefragung, durchgeführt im Auftrag des Hauses Toyota /ASI 87/, gibt Bild 5.3.

Ermittelt wurden die vom Kunden als wichtig oder gar für eine Kaufentscheidung ausschlaggebend eingestuften Merkmale eines Automobils. Bild 5.3 zeigt den Ausschnitt (Auto-) Tür. Die vom Kunden genannten Merkmale wurden entsprechend ihrer Affinität zu Gruppen zusammengefaßt und mit zunehmendem Grad der Detaillierung von links nach rechts in primäre, sekundäre und tertiäre Merkmale aufgeteilt. Die primären Merkmale charakterisieren die globalen Anforderungen, unter deren Beachtung die Produktentwicklung abzulaufen hat. Daher muß bei ihrer Auswahl besonders sorgfältig vorgegangen werden. Beispielsweise existieren im Hause Toyota nur die vier, in Bild 5.3 genannten primären Merkmale zur Beschreibung der globalen Kundenanforderungen an das Produkt Automobil. Die sekundäre und die tertiäre Stufe werden dazu benutzt, die Anforderungen weiter zu detaillieren.

Es gibt viele Merkmale, die der Kunde bei einer Umfrage nicht erwähnen wird, die aber dennoch Berücksichtigung finden müssen. Dies sind zum einen Merkmale, die der Kunde stillschweigend voraussetzt, weil diese Merkmale z.B. den Stand der Technik widerspiegeln oder ganz einfach für den Kunden selbstverständlich sind. Zum anderen erwachsen Anforderungen aus gesetzlichen Auflagen und Vorschriften. Aber auch unternehmensinterne Ziele, wie etwa die Eignung des Produktes zur automatisierten Herstellung, müssen an dieser Stelle berücksichtigt werden.

5.3.1.2 Datenmodell zur Abbildung der Kundenanforderungen

Aufgabe des Ingenieurs ist es, die vom Kunden gewünschten Produktmerkmale in technische Merkmale zu übersetzen. Bei der Entwicklung kundengerechter Produkte muß sichergestellt werden, daß die Vorstellungen des Kunden in den verschiedenen Phasen der Produktrealisierung nicht von den Machbarkeitsvorstellungen des Ingenieurs verdrängt wird /ASI 87/. Um eine möglichst kundengerechte Produktgestaltung zu unterstützen, sind die zu realisierenden Merkmale daher in den planenden Bereichen leicht zugänglich zu machen. Bild 5.4 zeigt die dazu entwickelte hierarchische Datenstruktur. Diese wird aus Merkmalsdatensätzen und Beziehungsdatensätzen gebildet.

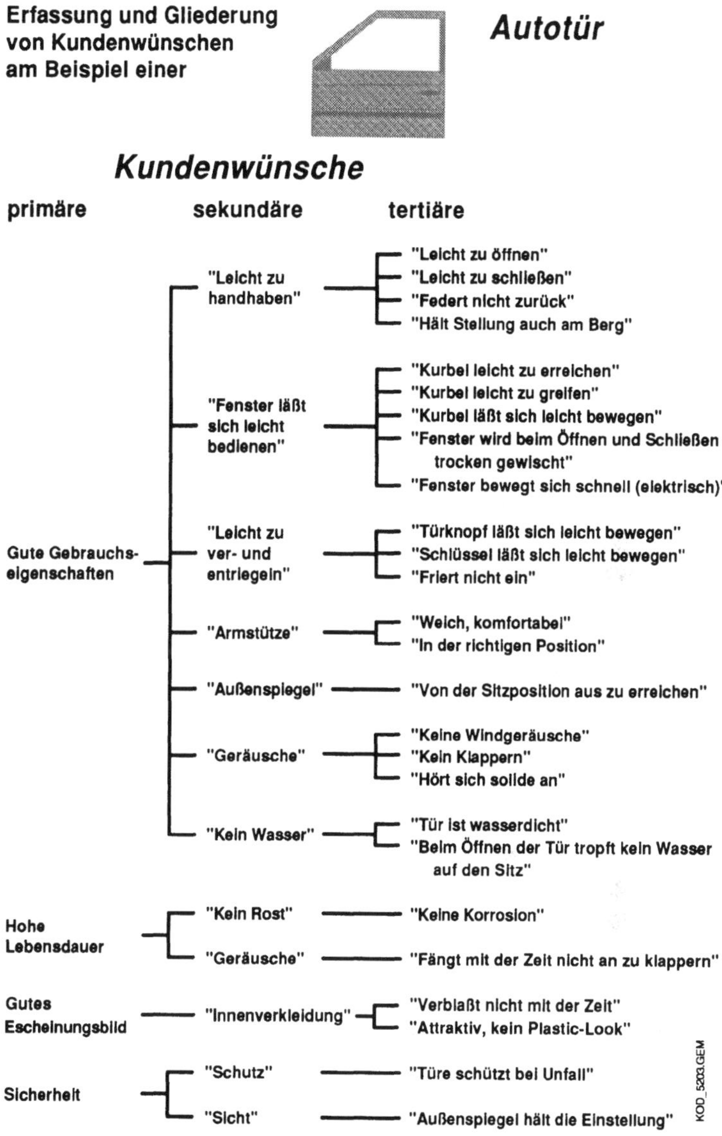

Entwicklung des Datenmodells

Erfassung und Gliederung
von Kundenwünschen
am Beispiel einer

Autotür

Kundenwünsche

primäre	sekundäre	tertiäre
	"Leicht zu handhaben"	"Leicht zu öffnen" "Leicht zu schließen" "Federt nicht zurück" "Hält Stellung auch am Berg"
	"Fenster läßt sich leicht bedienen"	"Kurbel leicht zu erreichen" "Kurbel leicht zu greifen" "Kurbel läßt sich leicht bewegen" "Fenster wird beim Öffnen und Schließen trocken gewischt" "Fenster bewegt sich schnell (elektrisch)"
Gute Gebrauchseigenschaften	"Leicht zu ver- und entriegeln"	"Türknopf läßt sich leicht bewegen" "Schlüssel läßt sich leicht bewegen" "Friert nicht ein"
	"Armstütze"	"Weich, komfortabel" "In der richtigen Position"
	"Außenspiegel"	"Von der Sitzposition aus zu erreichen"
	"Geräusche"	"Keine Windgeräusche" "Kein Klappern" "Hört sich solide an"
	"Kein Wasser"	"Tür ist wasserdicht" "Beim Öffnen der Tür tropft kein Wasser auf den Sitz"
Hohe Lebensdauer	"Kein Rost" "Geräusche"	"Keine Korrosion" "Fängt mit der Zeit nicht an zu klappern"
Gutes Escheinungsbild	"Innenverkleidung"	"Verblaßt nicht mit der Zeit" "Attraktiv, kein Plastic-Look"
Sicherheit	"Schutz" "Sicht"	"Türe schützt bei Unfall" "Außenspiegel hält die Einstellung"

Bild 5.3:   Erfassung und Gliederung von Kundenwünschen

Der Merkmalsdatensatz dient der Darstellung eines konkreten Merkmals (in Bild 5.4, Kasten). Der Beziehungsdatensatz beschreibt die Beziehung zwischen zwei Merkmalen (in Bild 5.4, Linie zwischen zwei Kästen).

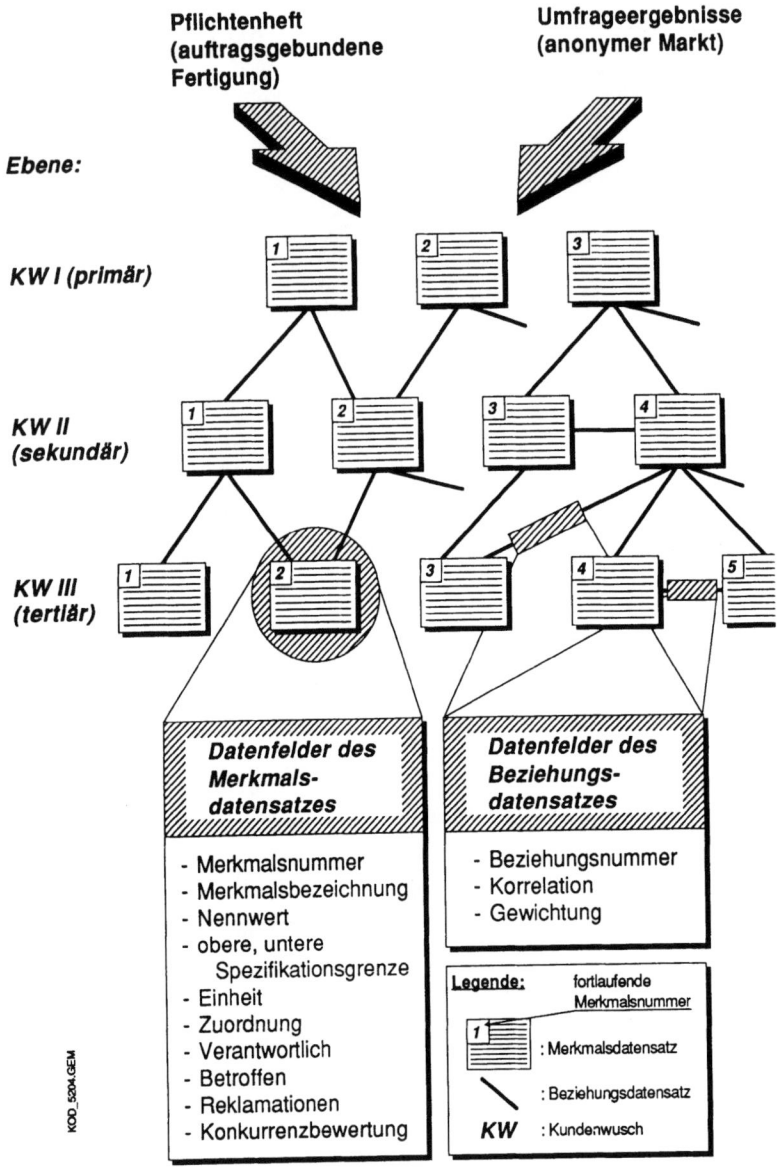

Bild 5.4: Datenstruktur zur Abbildung der Kundenwünsche

Auf der höchsten Stufe der Hierarchie (KW I, für Kundenwünsche oberste Ebene) wird jedes primäre Merkmal (vgl. Bild 5.3) mit einem Merkmalsdatensatz beschrieben. Jeder primäre Kundenwunsch wird durch mehrere sekundäre Merkmalsdatensätze auf der zweiten Stufe der Hierarchie (KW II, für Kundenwünsche

Entwicklung des Datenmodells

zweite Ebene) detailliert. Verknüpft werden jeweils zwei Merkmale über einen Beziehungsdatensatz. Jeder sekundäre Kundenwunsch wird wiederum durch mehrere tertiäre Merkmalsdatensätze auf der dritten Stufe der Hierarchie (KW III, für Kundenwünsche dritte Ebene) detailliert. Verknüpft werden zwei Merkmale wiederum über einen Beziehungsdatensatz, usw. Da zur Beschreibung der Anforderungen auf allen Ebenen der Hierarchie die gleichen Datensätze herangezogen werden, ist es durch Anwendung des Baukastenprinzips möglich, jedes auch noch so komplexe Anforderungsprofil im Datenmodell abzubilden.

Dem Merkmalsdatensatz zur Beschreibung der Kundenforderungen werden zur vollständigen Darstellung eines Merkmals also folgende Attribute zugeordnet:

Merkmalsnummer	Zuordnung
Merkmalsbezeichnung	Verantwortlich
Nennwert	Betroffen
Obere Spezifikationsgrenze	Reklamationen
Untere Spezifikationsgrenze	Konkurrenzbewertung
Einheit	

Für eine detaillierte Beschreibung der Attribute, ihres Inhalt und ihrer Bedeutung wird auf den Anhang (A-1) verwiesen.

Bei der Beschreibung der Beziehung zwischen zwei Merkmalen sind zwei Fälle zu unterscheiden:

* die Beziehung zwischen Merkmalen einer Ebene und
* zum anderen die Beziehung zwischen Merkmalen auf verschiedenen Hierarchiestufen.

Zur Beschreibung der beiden unterschiedlichen Fälle kann der gleiche Beziehungsdatensatz herangezogen werden. Dessen Attribute werden nachfolgend aufgelistet, wobei auf die Charakteristika des Falles "Beziehungen zwischen Merkmalen einer Ebene" im folgenden besonders hingewiesen wird (Bild 5.4). Es handelt sich um:

* Beziehungsnummer
* Korrelation
* Gewichtung

Das Datenfeld "Korrelation" berücksichtigt die beiden oben genannten Fälle -Beziehung zwischen Merkmalen einer Ebene und Beziehung zwischen Merkmalen auf verschiedenen Hierarchiestufen- und erlaubt eine eindeutige Fallunterscheidung.

Bei Merkmalen auf verschiedenen Hierarchiestufen detailliert die jeweils untere Ebene die darüberliegende. Die Merkmale sind voneinander abhängig, eine Korrelation liegt in der Natur der Sache.

Bei metrisch und ordinal skalierten Merkmalswerten ist es sinnvoll, die Korrelation festzuhalten (Beispiel: Wert des Merkmals aus der sekundären Ebene steigt, wenn der Wert des Merkmals auf der tertiären Ebene fällt, siehe dazu auch Kap. 5.3.2.2). Als Kennzeichen für eine positive Korrelation wurde hier das "+" Zeichen und für eine negative Korrelation das "-" Zeichen gewählt. Die Gewichtung der Korrelation zwischen Merkmalen auf verschiedenen Hierarchiestufen wird im Datenfeld "Gewichtung" vorgenommen.

Bei Merkmalen auf der gleichen Hierarchiestufe ist eine Korrelation meist nicht erwünscht, aber häufig nicht auszuschließen. Im ungünstigen Fall konkurrieren Merkmale miteinander. Das heißt, versucht man den Erfüllungsgrad eines Merkmals zu verbessern, so verschlechtern sich damit automatisch ein oder mehrere andere Merkmale. Im positiven Fall zieht die Verbesserung eines Merkmals die Steigerung des Erfüllungsgrades anderer Merkmale mit sich (komplementäre Beziehung). Es wird deutlich, daß die Korrelationen zwischen Merkmalen frühzeitig erkannt und für die nachfolgenden Phasen dokumentiert werden müssen.

5.3.2 Datenmodell für die Prozeßplanung

5.3.2.1 Abbilden der Ergebnisse der Entwicklung, der Konstruktion, der Arbeitsplanung und der Prüfplanung

Aufgabe der Entwicklung, der Konstruktion und der Arbeitsplanung ist es, die vom Kunden geforderten Merkmale zu konkretisieren und in technisch realisierbare Merkmale zu überführen. Aufgabe der Qualitätssicherung in diesen Bereichen ist es,

* sicherzustellen, daß letztendlich das vom Kunden vorgegebene Anforderungsprofil alle Phasen der Produktrealisierung bestimmt,
* Fehlern in der Planung, die Funktionsstörungen oder Defekte am Produkt verursachen, vorzubeugen und
* technisch nicht erforderliche Sicherheiten, die in der Realisierungsphase Aufwand verursachen, aber vom Kunden i.a. nicht wahrgenommen werden (Angsttoleranzen), zu vermeiden.

Der Qualitätssicherung stehen zur Erfüllung dieser Aufgaben leistungsfähige Methoden zur Verfügung /HAIS89/. Ein effizienter Einsatz der Methoden wird erst durch den einfachen Zugriff auf die bei der Entwicklung, Konstruktion und Arbeitsplanung erzeugten Daten möglich. Daher sollen diese zum besseren Verständnis im Qualitätsdatenmodell abgebildet werden. Auf dem Weg zu integrierten Systemen ist es für ein Unternehmen durchaus angebracht, eine CAQ-Applikation mit einem so weitgespannten Datenmodell zu versehen. Sobald eine weitergehende Integration möglich wird, müssen die Daten aus den o.g. Bereichen über Schlüsselattribute direkt verfügbar sein (Gebot der disjunkten Partialmodelle; Kap. 3.4).

Im folgenden wird es notwendig, Merkmale den verschiedenen Betrachtungsebenen eines beliebigen, hierarchisch strukturierten Produktes zuzuordnen. Bei der Wahl der Begriffe zur Bezeichnung der Betrachtungsebenen ist DIN 40150 /DIN 79/ zu beachten.

Entwicklung des Datenmodells 83

Die Strukturierung eines Produktes kann grundsätzlich nach den Kriterien Funktion und Bau erfolgen. Die DIN 40150 /DIN 79/ unterscheidet dazu Betrachtungseinheiten und Betrachtungsebenen (Bild 5.5).

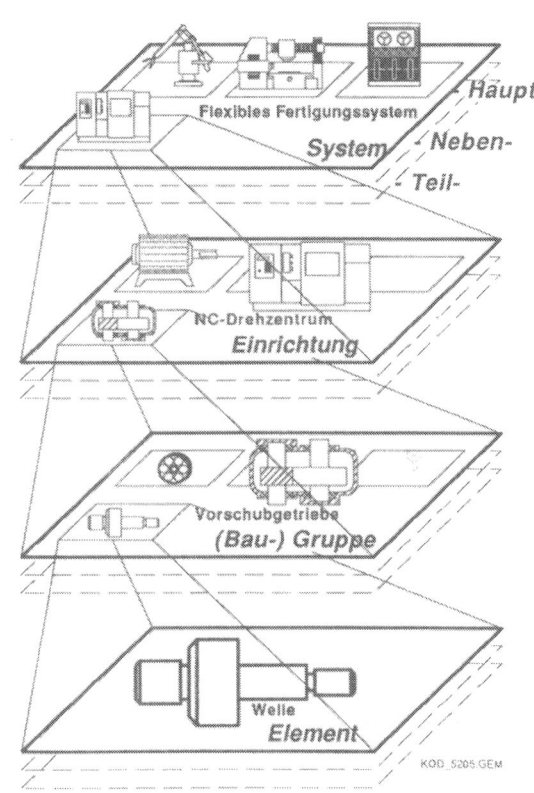

Reichen bei komplexeren Produkten die vier im Bild 5.5 genannten Betrachtungsebenen zu einer sinnvollen Produktstrukturierung nicht aus, so schlägt die DIN 40150 eine weitere Unterteilung der Betrachtungsebenen in der Form Haupt-, Neben-, Teil- (z.B. Hauptsystem, Nebensystem, Teilsystem) vor. Bei weniger komplexen Produkten kann auf die oberen Betrachtungsebenen verzichtet werden (zur Begriffsdefinition wird auf Anhang A-3 verwiesen).

Im Rahmen dieser Arbeit soll die Strukturierung von Produkten vorzugsweise nach Baueinheiten erfolgen. Dies ist sinnvoll, da das Produktmodell nur die produktbeschreibenden Daten der abgeschlossenen Entwicklungs- und Konstruktionstätigkeit aufnehmen und nicht etwa den Verlauf der Konstruktionstätigkeit dokumentieren soll. Nach Abschluß der Kon-

Bild 5.5: Begriffe zur hierarchischen Gliederung einer Produktstruktur nach DIN 40150 am Beispiel eines Flexiblen Fertigungssystems

struktionstätigkeit steht die bauliche Zusammensetzung des Produktes fest. Funktionale Merkmale können ohne Schwierigkeiten den baulichen Funktionsträgern zugeordnet werden.

Die nach DIN festgelegten Begriffe sollen exemplarisch am Produkt "Flexibles Fertigungssystem" erläutert werden (Bild 5.5):

Das Produkt "Flexibles Fertigungssystem" ist ein baulich abgegrenztes System, das zur selbständigen Erfüllung einer übergeordneten Aufgabe in der Lage ist. Ein Flexibles Fertigungssystem besteht unter anderem aus Bearbeitungseinrichtungen (Werkzeugmaschinen), Verkettungseinrichtungen (z.B. Industrierobotern) und

Steuerungseinrichtungen (Leitrechner). Die Einrichtungen sind in der Lage, selbständig Teilaufgaben zu erfüllen. Die Einrichtungen (Werkzeugmaschine) setzen sich zusammen aus Baugruppen, z.B. dem Vorschubgetriebe. Die Baugruppen können selbständig keine Aufgaben erfüllen. Baugruppen bestehen ihrerseits aus Elementen, z.B. einer Welle. Die Welle ist eine unteilbare bauliche Einheit auf der untersten Betrachtungsebene.

5.3.2.2 Datenmodell zur Abbildung der Entwicklungs- und der Konstruktionsergebnisse sowie der Ergebnisse der Arbeitsplanung (Prozeßplanung)

Bild 5.6 zeigt die hierarchische Datenstruktur, die zur Dokumentation der in der Entwicklung, in der Konstruktion und in der Prozeßplanung erzeugten Daten entwickelt wurde, am Beispiel eines in die Betrachtungsebenen Einrichtung, Baugruppe und Element gegliederten Produktes (Automobil).

Die Datenstruktur wird, wie die Datenstruktur zur Aufnahme der Kundenanforderungen, aus Merkmals- und Beziehungsdatensätzen gebildet.

Vorgabedaten für Entwicklung und Konstruktion sind die Kundenanforderungen. Erste Aufgabe von Entwicklung und Konstruktion ist es, die vom Kunden nicht exakt spezifizierten Anforderungen zu konkretisieren. Die Kundenanforderung "Tür leicht zu schließen" wird z.B. auf der Einrichtungsebene in das Merkmal "Türschließkraft" mit dem konkreten Zielwert "max. 10 N" überführt. Der Konstrukteur dokumentiert nun auf der nächst niedrigeren Ebene alle Baugruppenmerkmale, mit denen er das Einrichtungmerkmal "Türschließkraft max. 10 N" realisieren will. In diesem Beispiel sind unter anderem das zum Verdrehen des Scharnieres aufzubringende Drehmoment und die Montageposition des Scharnieres relevant. Der Konstrukteur legt für das Drehmoment des Scharnieres eine obere Spezifikationsgrenze von 1 Nm fest. Da der Konstrukteur nur die obere Spezifikationsgrenze angibt, impliziert er damit "je niedriger das Drehmoment, desto besser". Weiterhin erkennt der Konstrukteur, daß die Baugruppenmerkmale "Scharnier-Drehmoment" und "Scharnier-Spiel" miteinander in Konkurrenz stehen. Versucht er zum Beispiel ein möglichst geringes Spiel durch eine engere Passung zu realisieren, so resultiert daraus ein erhöhtes Drehmoment. Die negative Korrelation der auf einer Ebene liegenden Merkmale dokumentiert er durch die Angabe der "-2" zwischen den Merkmalen. Auf der nächst niedrigeren Ebene -der Elementebene- sind nun wiederum alle die Merkmale zu beschreiben, die die Anforderungen der übergeordneten Ebene -der Baugruppenebene- realisieren. Das Scharnierspiel ist unter anderem abhängig vom Innendurchmesser der Bohrung der Laschen und vom Außendurchmesser des Bolzens.

Die Realisierung der Merkmale erfolgt durch (Fertigungs- und Montage-) Prozesse. Der Prozeßplaner dokumentiert auf der Prozeßebene der Datenstruktur alle für die Realisierung der Merkmale erforderlichen Prozesse sowie deren Parameter. Die Realisierung des Laschenmerkmals "Durchmesser" erfolgt z.B. in einem Bohrprozeß, wobei unter anderem die Prozeßparameter Vorschub und Werkzeugzustand als relevant erkannt wurden. Die Realisierung des Baugruppenmerkmals "Montageposition" und damit des Einrichtungsmerkmals "Türschließkraft" erfolgt durch die Montage des Scharniers an die Karosse (geschweißt). Damit der Schweißprozeß gute Ergebnisse bezüglich der Montageposition des Scharnieres liefert, muß das Prozeßmerkmal "Hydraulikdruck in den Punktschweißzangen" mindestens 5 bar betragen. Auf der nächst niedrigeren Ebene

Entwicklung des Datenmodells 85

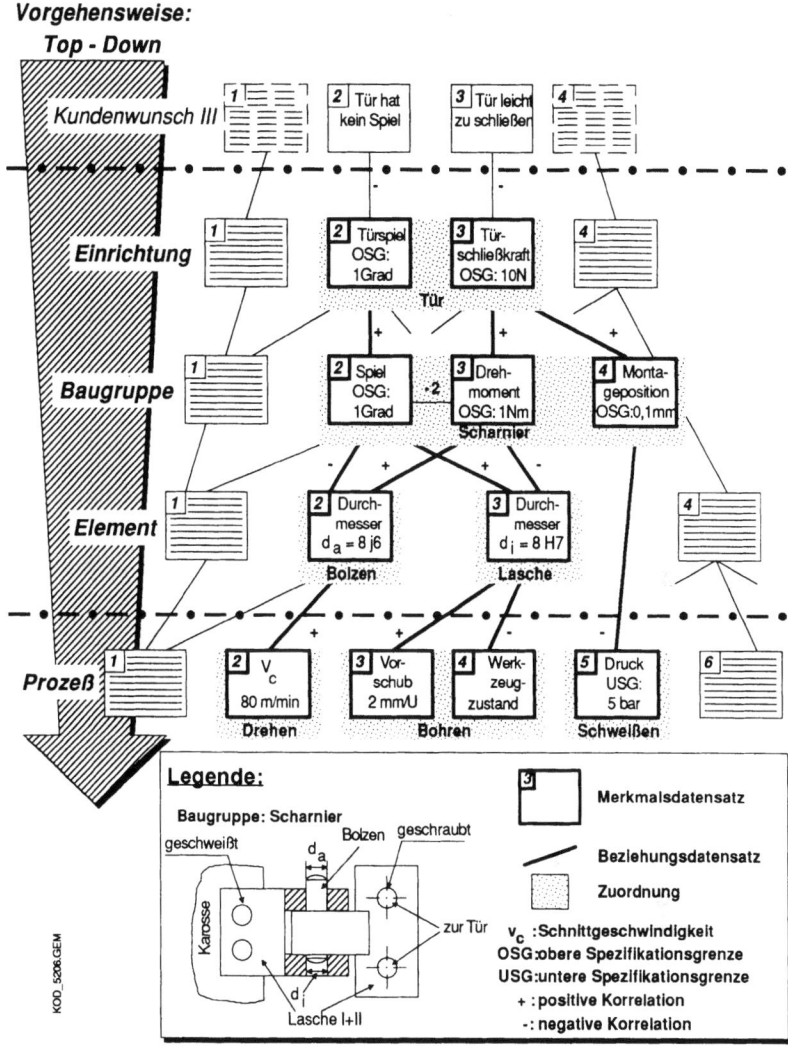

Bild 5.6: Datenstruktur zur Abbildung der Entwicklungs- und der Konstruktionsergebnisse sowie der Ergebnisse der Arbeitsplanung (Prozeßplanung)

(in Bild 5.6 nicht mehr dargestellt) könnte nun die Abbildung der maschineninternen Merkmale erfolgen, von denen die Einhaltung der Prozeßparameter abhängt (z.B. Drehzahl der Hydraulikpumpe).

Sowohl der Konstrukteur als auch der Prozeßplaner sollen erkannte Korrelationen zwischen Merkmalen auf verschiedenen Ebenen dokumentieren. Dazu wurde im Beziehungsdatensatz das Feld "Korrelation" vorgesehen. In Bild 5.6 sind die Korrelationen zwischen Merkmalen auf verschiedenen Ebenen durch "+"

Zeichen (für positive Korrelation) und durch "-" Zeichen (für negative Korrelation) dargestellt. Die Dokumentation der Korrelationen erlaubt das rasche Erkennen von Fehler-Ursache-Beziehungen. Wird ein Merkmal nicht erfüllt, so verursacht dies ein fehlerhaftes Merkmal auf der übergeordneten Ebene. Wird zum Beispiel bei dem Bohrprozeß (Bild 5.6) die Standzeit des Bohrers überschritten, unterschreitet der Durchmesser der Laschenbohrung die untere Toleranzgrenze (negative Korrelation). Wird der Durchmesser der Bohrung in der Lasche unterschritten, so steigt das Drehmoment des Scharniers über den zulässigen Wert (negative Korrelation). Dies hat wiederum eine Überschreitung der zulässigen Türschließkraft und damit die Nichterfüllung eines Kundenwunsches zur Folge (beides positve Korrelation).

Zur Beschreibung der Anforderungen werden auf allen Ebenen der Hierarchie die gleichen Datensätze herangezogen. Durch Anwendung des Baukastenprinzips ist es daher möglich, sehr komplexe Produkte im Datenmodell darzustellen.

Bild 5.7 gibt ein Beispiel für die Abbildung einer Präzisionswelle, die in mehreren Arbeitsvorgängen gefertigt wird.

Im Sinne einer Qualitätsbeherrschung muß der Konstrukteur oder der Prozeßplaner alle Merkmale und deren Beziehungen, die für die Realisierung eines übergeordneten Merkmals relevant sind, erkennen und dokumentieren. Zur Unterstützung seiner Tätigkeit hat der Planer Zugriff auf die Historiedaten des Produktionsdatenmodells (vgl. Kap. 5.4.1), indem die Einflußgrößen bei bereits realisierten Merkmalen abgelegt sind. Jedoch wird es dem Planer bei einer Neuentwicklung nur selten gelingen von Anfang an alle Einflußgrößen zu überblicken. Oft wird die Relevanz von Merkmalen erst nach Beginn der Produktion richtig bewertet oder gar erkannt. Daher muß die Führung des Produktdatenmodells als dynamischer Prozeß aufgefaßt werden. Neue Erkenntnisse fließen direkt in das Produktdatenmodell ein. Das Produktdatenmodell enthält stets die aktuellen Produktparameter und liefert damit ein möglichst realitätsnahes Abbild des produktspezifischen Kenntnisstandes im Unternehmen.

Die zur vollständigen Dokumentation der von Entwicklung, Konstruktion und Prozeßplanung erzeugten Merkmale erforderlichen Attribute des Merkmals- und Beziehungsdatensatzes sind im wesentlichen identisch mit denen zur Abbildung der Kundenanforderungen. Lediglich das Attribut "technische Schwierigkeit" wird dem Merkmalsdatensatz hinzugefügt, mit dem der Planer den erwarteten technischen Schwierigkeitsgrad der Realisierung dieses Merkmales beschreibt.

Entwicklung des Datenmodells 87

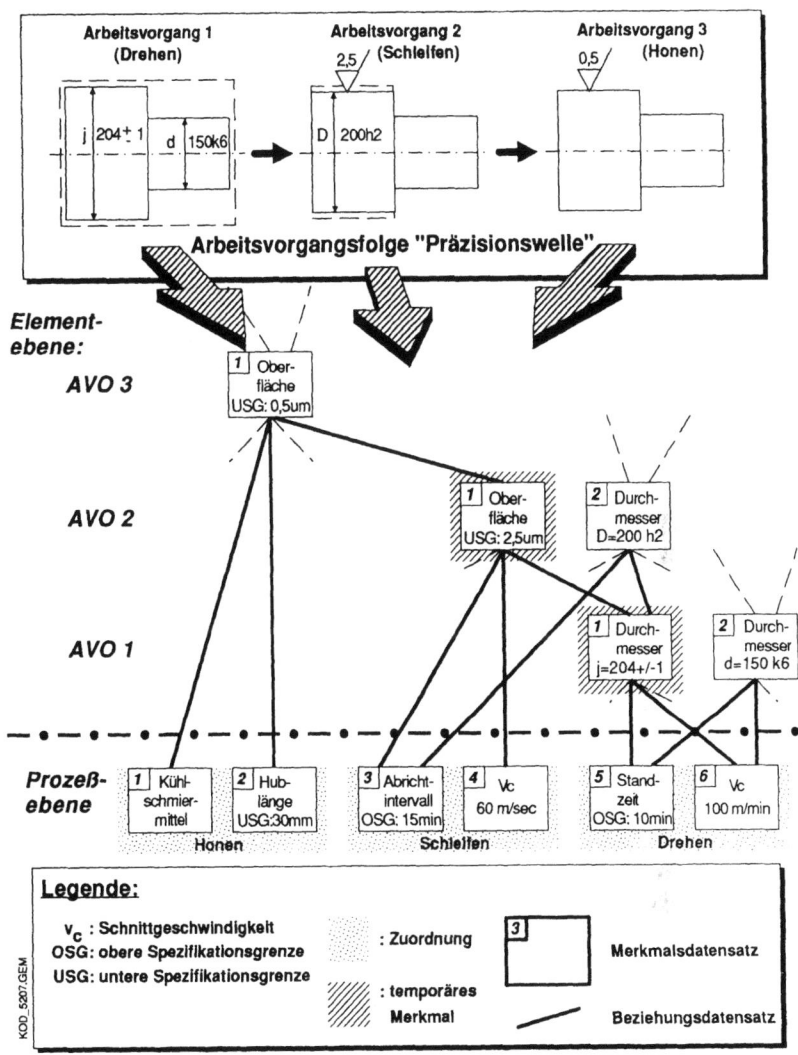

Bild 5.7: Beispiel für die Abbildung von komplexen Zusammenhängen durch das Datenmodell

5.3.3 Datenmodell für die Ablaufplanung

Nachdem die Produktspezifikationen in erster Fassung vorliegen, können den Fertigungs- und Montageprozessen konkrete Produktionsmittel wie Maschinen, Werkzeuge und Vorrichtungen zugeordnet werden. In Abhängigkeit von den gewählten Produktionsmitteln muß für das jeweilig zu realisierende Merkmal mit einer bestimmten Fehlerquote gerechnet werden. Zur Sicherung des geforderten Qualitätsniveaus ist es Aufgabe der

Prüfplanung, die Entscheidung über die Prüfnotwendigkeit, den Prüfablauf, die Prüfhäufigkeit, die Prüfmethode und die Prüfdatenverarbeitung für das jeweilige Merkmal unter Beachtung der wirtschaftlichen Gegebenheiten zu treffen /VDIR85/. In Abhängigkeit von der gewählten Prüfmaßnahme ergibt sich für fehlerhafte Merkmale eine bestimmte Entdeckungswahrscheinlichkeit.

Die Daten der Funktionen Produktionsmittelbestimmung und Prüfplanung werden mit der bereits in den vorgelagerten Bereichen erzeugten Datenstruktur (vgl. Bild 5.6) von der Prozeßebene hinauf zur Ebene der Kundenanforderungen abgebildet. Bild 5.8 zeigt die zusätzlich erforderlichen Datenfelder (vgl. Bild 5.4) des Merkmals- und des Beziehungsdatensatzes. Zunächst sollen die zusätzlichen Attribute des Merkmalsdatensatzes:

* Erzeuger
* Fehlerwahrscheinlichkeit
* Prüfmaßnahme (Ausgangsprüfung)
* Entdeckungswahrscheinlichkeit

und des Beziehungsdatensatzes:

* Prüfmaßnahme (Eingangsprüfung) und
* Entdeckungswahrscheinlichkeit

bezüglich einiger Besonderheiten ihrer Anwendung erläutert werden (vergl. auch Anhang A-1).

Der Begriff des "Erzeugers" wird in einem weitgefassten Sinn verstanden. Erzeuger sind interne und externe Hersteller, ebenso wie Arbeitsvorgänge, Maschinen oder ggf. Vorrichtungen oder Steuerprogramme. Auch Abläufe oder Vorgänge können über das Feld "Erzeuger" identifiziert werden.

Fehlerwahrscheinlichkeiten müssen bei beidseitig begrenzten Merkmalen für jede Grenze separat angegeben werden. Zum Abschätzen der Fehlerwahrscheinlichkeiten kann der Planer auf das Produktionsdatenmodell zurückgreifen. Das Produktionsdatenmodell enthält unter anderem die Fehlerquoten bereits realisierter Merkmale. Nach Beginn der Produktion werden in diesem Datenfeld die aktuellen Fehlerquoten abgelegt, so daß aufgrund der merkmalsorientierten Datenmodellierung für dieses Feld nur bei Neuerungen ein Abschätzen notwendig wird. Im allgemeinen wird man auf eine gewachsene Historie zurückgreifen können.

Bei der Identifizierung der Prüfmaßnahme ist zwischen der Eingangsprüfung (dem Beziehungsdatensatz zugehörig) und der Ausgangsprüfung (dem Merkmalsdatensatz zugehörig) zu unterscheiden. Betrachtet man zum Beispiel in Bild 5.8 den Prozeß B, so kann die Prüfung des Prozesses sowohl in einer Ausgangsprüfung anhand der Prozeßmerkmale 2 und 3, als auch in einer Eingangsprüfung anhand des Elementmerkmals 2 des Teiles B, also am Ergebnis des Prozesses erfolgen. Auf der Elementebene wiederum kann das Merkmal 2 des Teiles B zu zwei verschiedenen Zeitpunkten geprüft werden. Einmal in der Ausgangsprüfung direkt nach der Erzeugung durch Prozeß A oder in der Eingangsprüfung des Montageprozesses B (Montage der Teile A und B zur Baugruppe A).

Entwicklung des Datenmodells 89

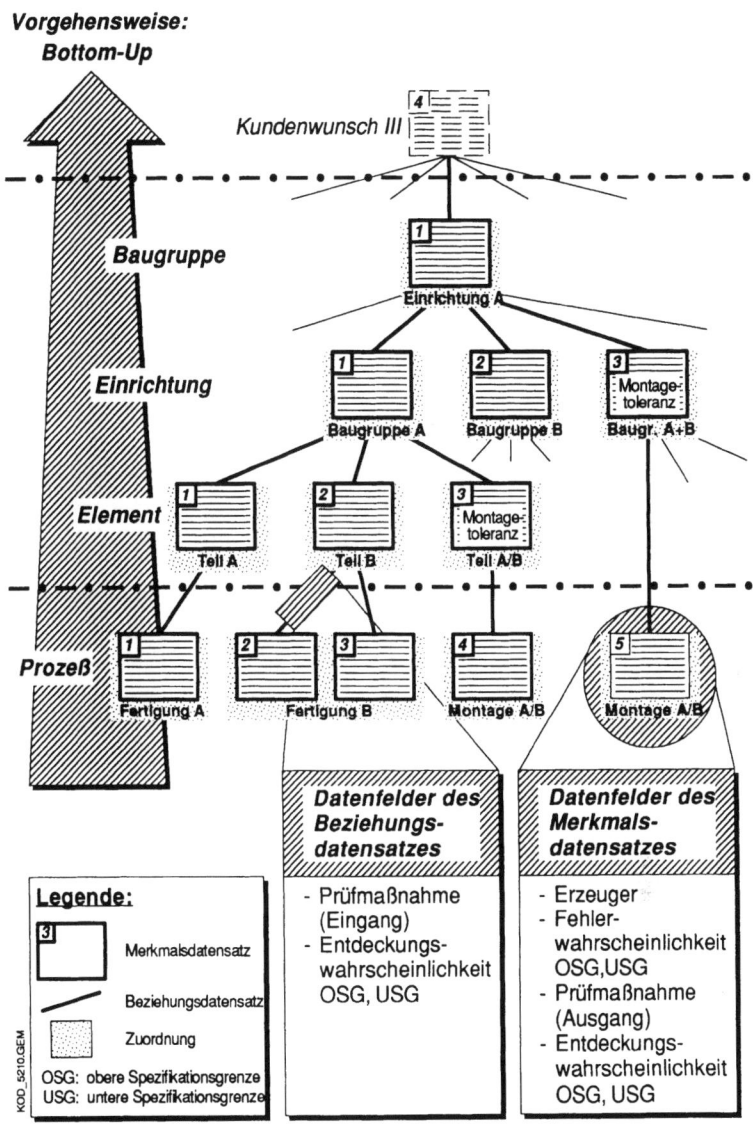

Bild 5.8: Datenstruktur zur Abbildung der Ergebnisse der Arbeitsplanung (Produktionsmittelbestimmung) und der Prüfplanung

Zeitpunkt und Ausprägung der Eingangsprüfung werden also durch die Beziehung zweier Merkmale festgelegt. Um eine eindeutige Zuordnung zu ermöglichen, müssen die Maßnahmen der Eingangsprüfung daher im Beziehungsdatensatz dokumentiert werden.

5.3.4 Entwicklung der Gewichtungsfunktion

Bislang wurde das Produktmodell über die Gestaltung von Merkmals- und Beziehungsdatensätzen entwickelt, ohne daß funktionale Ansätze zum Tragen kamen. Im weiteren werden mathematische Operationen vorgestellt, die auf diese Datensätze angewendet werden, um:

* die Bedeutung eines Merkmals der operativen Ebene für den Kunden und
* die Realisierungssicherheit von Merkmalen der Kundenebene darzustellen.

Die genaue Kenntnis der Bedeutung einzelner Merkmale für die Erfüllung von übergeordneten Merkmalen ist notwendig, damit Ressourcen eines Unternehmens auf die Realisierung der wichtigen Merkmale konzentriert werden können. Die Einstufung eines Merkmals als wichtig muß sich dabei eng am Anforderungsprofil des Kunden orientieren.

Ein Merkmal wird vollständig erfüllt, wenn alle direkt untergeordneten Merkmale erfüllt sind (vgl. Bild 5.6). Für die Erfüllung des übergeordneten Ziels sind jedoch nicht alle untergeordneten Merkmale gleich wichtig. Die Bedeutung des Merkmals auf der niederen Ebene für die Erfüllung des Merkmals auf der nächst höheren Ebene gibt ein Gewichtungsfaktor an, der im Datenfeld "Gewichtung" des Beziehungsdatensatzes (vgl. Kap. 5.3.1.2) dokumentiert wird. Aufschlußreicher als die Bedeutung eines Merkmals für die Erfüllung von Anforderungen auf der nächst höheren Hierarchiestufe ist dessen Bedeutung für die Realisierung eines mehrere Hierarchiestufen höher stehenden Merkmals. Ein Beispiel für diese Problemstellung gibt die Frage: Welche Bedeutung hat der Drehprozeß (Bild 5.6) für die Erfüllung des Kundenwunsches "Tür leicht zu schließen"? Die Lösung der Problemstellung kann aus den Gewichtungsfaktoren mittels einer im Rahmen der vorliegenden Arbeit entwickelten Funktion berechnet werden.

Bild 5.9 zeigt das Schema der entwickelten Funktion und Bild 5.10 gibt ein Zahlenbeispiel.

Die Gewichtungsfaktoren werden in Matrizen gefaßt. Die Problemstellung -Ermittlung der Bedeutung von Merkmalen über die Hierarchieebenen hinweg- reduziert sich auf die Operationen der Matrizenmultiplikation.

Hier sind Merkmale in drei Hierarchiestufen mit abnehmender Komplexität geordnet und mit Gewichtungsfaktoren versehen. Die Beurteilung wird stufenweise von einer Hierarchieebene höherer Komplexität zu der nachfolgenden Ebene vorgenommen. So werden zunächst die drei Merkmale der Hierarchiestufe II in bezug auf das Merkmal 1 der Hierarchiestufe I gewichtet, hier mit 0,7; 0,1; 0,2. Um eine prozentuale Gewichtung zu erreichen, sollte die Summe der Gewichtungsfaktoren je Merkmal 1,0 betragen (vgl. Kap. 5.3.1.1). Beim Merkmal 2 der Ebene I wurden die beiden untergeordneten Merkmale 2 und 3 der Ebene II mit je 50% als gleichbedeutend eingestuft. Entsprechend wurde mit den Merkmalen der Ebene III verfahren.

Entwicklung des Datenmodells

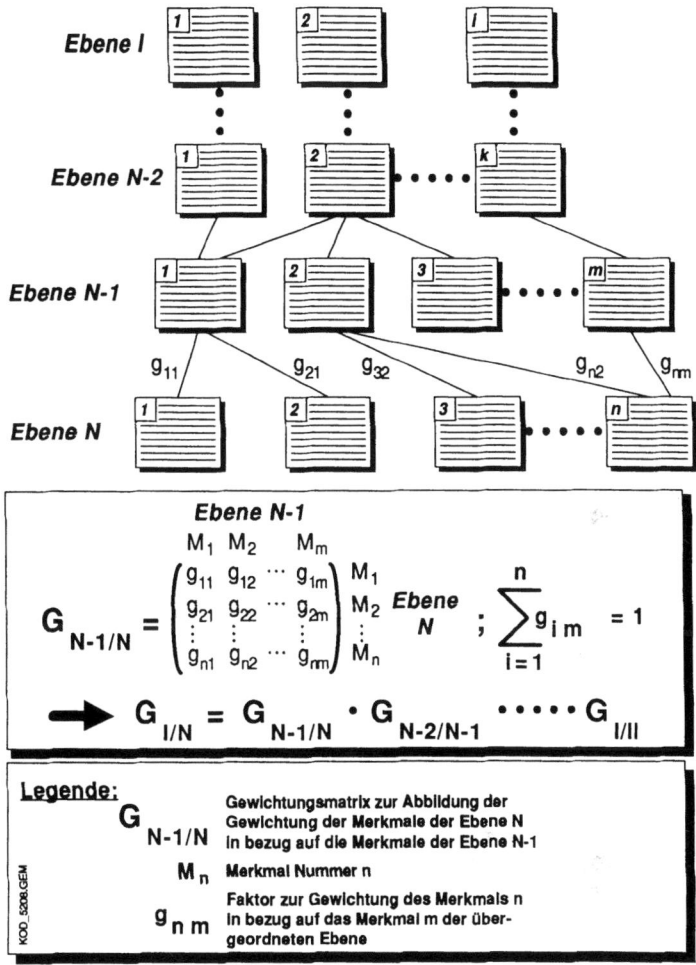

Bild 5.9: Die Gewichtungsfunktion

Die Gewichtungsfaktoren können in Matrizenschreibweise dargestellt werden. Der jeweilige Gewichtungsfaktor eines Merkmals der Ebene III in bezug auf ein Merkmal der Ebene I ergibt sich dann durch die Multiplikation der Matrizen. So haben z.B. die Merkmale 1, 2, 3 der Ebene III in bezug auf das Merkmal 1 der Ebene I eine Verteilung der Bedeutung von 21% zu 16% zu 63%. Komplexere Problemstellungen mit mehr als drei Hierarchieebenen -wie z.B. in Bild 5.6 dargestellt- lassen sich auf die gleiche Weise durch mehrfache Matrizenmultiplikation lösen.

Eine solche stufenweise Gewichtung erlaubt in der Regel eine wirklichkeitsgerechte Beurteilung, da es leichter ist, Merkmale gegenüber dem direkt übergeordneten Merkmal zu bewerten, als alle Merkmale einer Ebene,

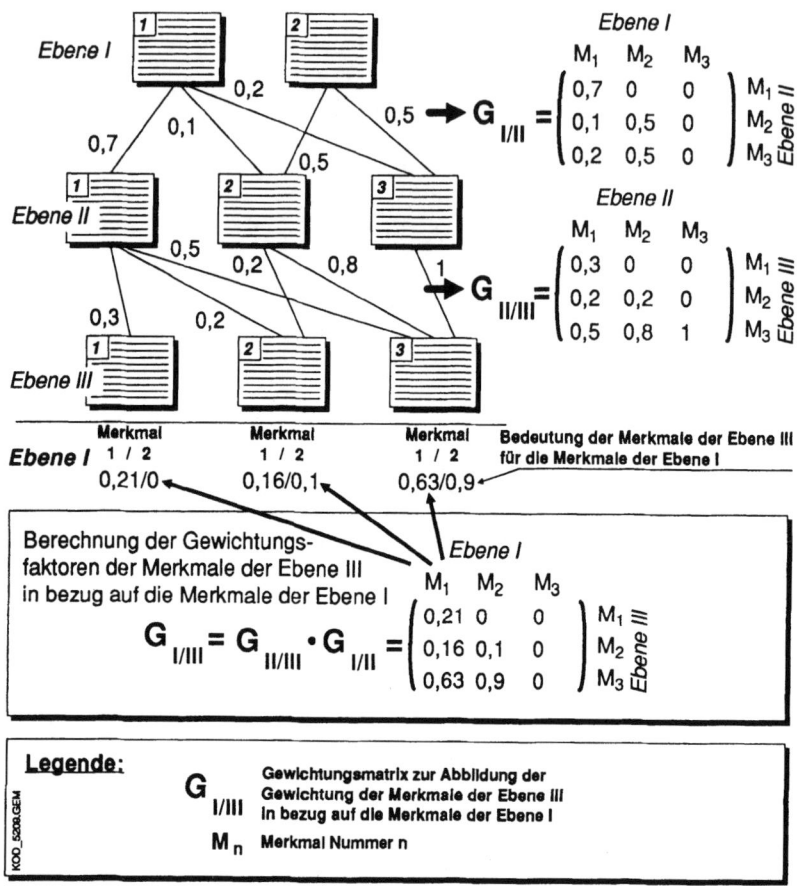

Bild 5.10: Beispiel für die Anwendung der Gewichtungsfunktion

besonders der unteren, nur gegeneinander in bezug auf ein Merkmal der höchsten Ebene abzuwägen.

5.3.5 Verfahren zur Bestimmung des Fehlerdurchschlupfes

Sind die Fehlerwahrscheinlichkeiten aller bei der Erzeugung der Produktmerkmale beteiligten Prozesse sowie die Entdeckungswahrscheinlichkeiten der Prüfmaßnahmen bekannt und dokumentiert, so kann der Fehlerdurchschlupf des gesamten durch das Datenmodell repräsentierten Systems, das heißt die Fehlerquote am fertigen Produkt, abgeschätzt werden.

Entwicklung des Datenmodells

Ein Merkmal wird vollständig erfüllt, wenn alle untergeordneten Merkmale erfüllt sind. In der Umkehrung bedeutet dies, daß die Fehlerquote des übergeordneten Merkmals aus den Fehlerquoten der untergeordneten Merkmale berechnet werden kann (Annahme: zunächst ohne Prüfung). Hier können zwei Modellvorstellungen zur Anwendung kommen (Bild 5.11).

Bei Anwendung des Modells der unabhängigen Ereignisse /BAMB87/ ergibt sich die Realisierungswahrscheinlichkeit R eines Merkmals (Realisierungswahrscheinlichkeit = 1-Fehlerwahrscheinlichkeit) als Produkt der Realisierungswahrscheinlichkeiten der untergeordneten Merkmale. Da der Nachweis der Unabhängigkeit von fehlerauslösenden Ereignissen im vorliegenden Fall schwierig zu führen ist, soll das Modell der unabhängigen Ereignisse nicht zur Anwendung kommen. Alternativ wird vorgeschlagen, die Fehlerquoten nach dem Prinzip des "Worst Case" (ungünstigster Fall) zu ermitteln.

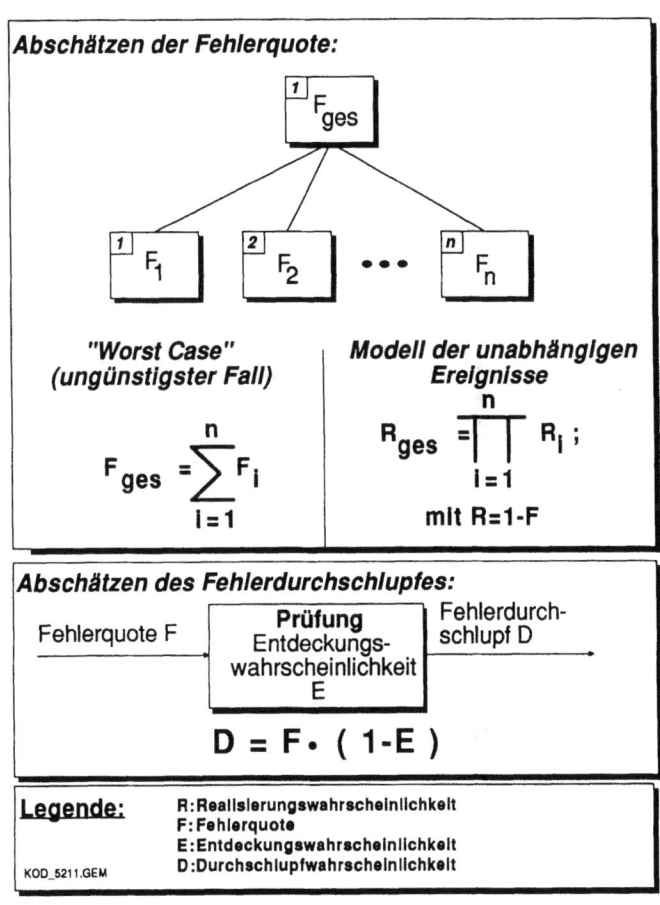

Bild 5.11: Abschätzen der Fehlerquote und des Fehlerdurchschlupfes

Bei Berechnung der Fehlerquoten nach dem Prinzip des "Worst Case" /BAMB87/ ergibt sich die Fehlerwahrscheinlichkeit F eines Merkmals als die Summe der Fehlerwahrscheinlichkeiten der untergeordneten Merkmale (Bild 5.11). (Anmerkung: Bei sehr niedrigen Fehlerquoten führen beide Modelle zu annähernd gleichen Ergebnissen.) Eine Prüfung wird mit dem Ziel durchgeführt, die Fehlerquote zu senken. Der Fehlerdurchschlupf D einer Prüfung kann näherungsweise aus der Fehlerquote F des zu prüfenden Merkmals und der Entdeckungswahrscheinlichkeit E berechnet werden (Bild 5.11). Zur Ermittlung des Fehlerdurchschlupfes bei einem Merkmal mit Eingangsprüfung, Bearbeitung und Ausgangsprüfung wurde im Rahmen dieser Arbeit das Modell nach Bild 5.12 entwickelt.

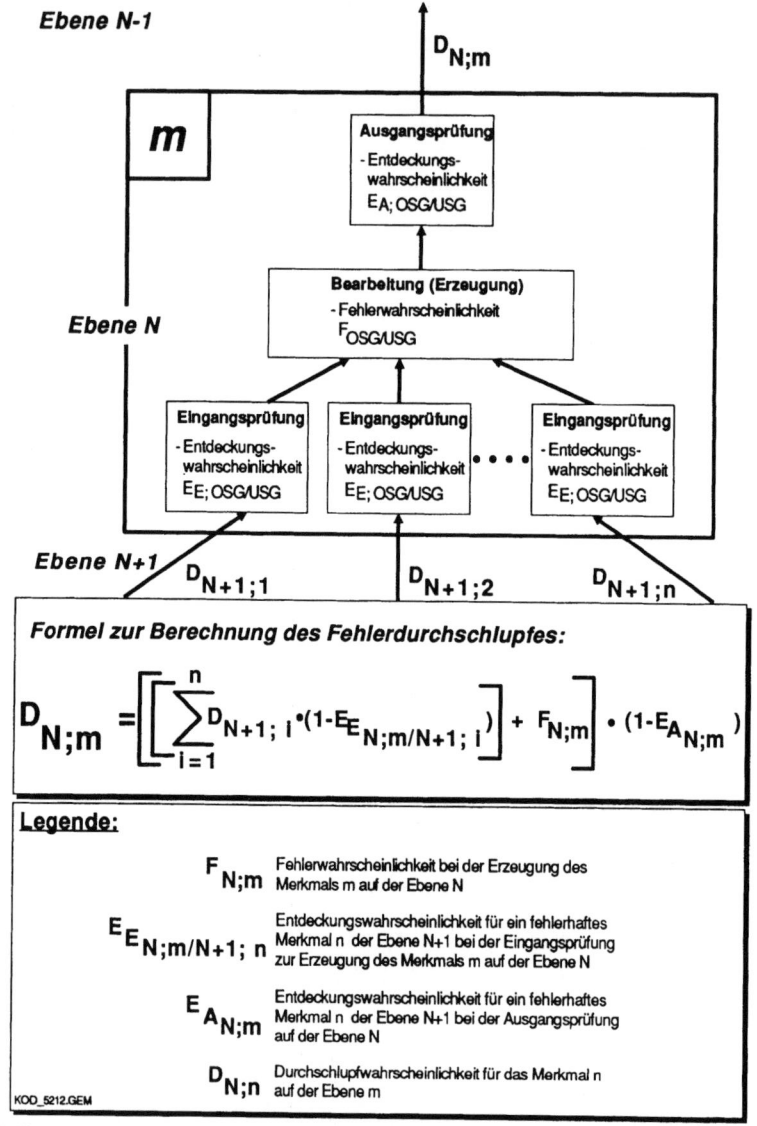

Bild 5.12: Abschätzen des Fehlerdurchschlupfes bei einem Merkmal mit Eingangsprüfung, Bearbeitung und Ausgangsprüfung

Zur Erfüllung des Merkmals m auf der Ebene N sind auf der Ebene N+1 die Merkmale 1 bis n zu erfüllen. Alle Merkmale der Ebene N+1 weisen einen gewissen Fehlerdurchschlupf $D_{N+1;n}$ auf. Vor der Erzeugung des Merkmals m auf der Ebene N durchläuft jedes Merkmal der untergeordneten Ebene eine Eingangsprüfung mit einer bestimmten Entdeckungswahrscheinlichkeit E_E. Die Wahrscheinlichkeit, daß bei der Erzeugung des Merkmals m weitere Fehler auftreten, beträgt $F_N;m$. Ein fehlerhaftes Merkmal m wird bei der Ausgangsprüfung mit der Wahrscheinlichkeit E_A entdeckt. Der Fehlerdurchschlupf $D_N;m$ des Merkmals m der Ebene N zur Ebene N-1 kann mittels der Formel aus Bild 5.11 ermittelt werden. Der Fehlerdurchschlupf $D_N;m$ ist wiederum der Startwert für die Berechnung des Fehlerdurchschlupfes der Ebene N-1.

Bild 5.13 gibt ein Zahlenbeispiel für die Anwendung des Modells anhand des Kundenwunsches "Türe leicht zu schließen" aus Bild 5.6.

Das Drehmoment des Scharniers ist abhängig vom Durchmesser der Bohrung in der Lasche und vom Außendurchmesser des Bolzens. Für das Drehmoment des Scharniers wurde nur die obere Spezifikationsgrenze mit 1 Nm festgelegt. Diese wird genau dann überschritten, wenn der Bolzendurchmesser die obere Spezifikationsgrenze übersteigt (positive Korrelation) oder die Laschenbohrung kleiner als die untere

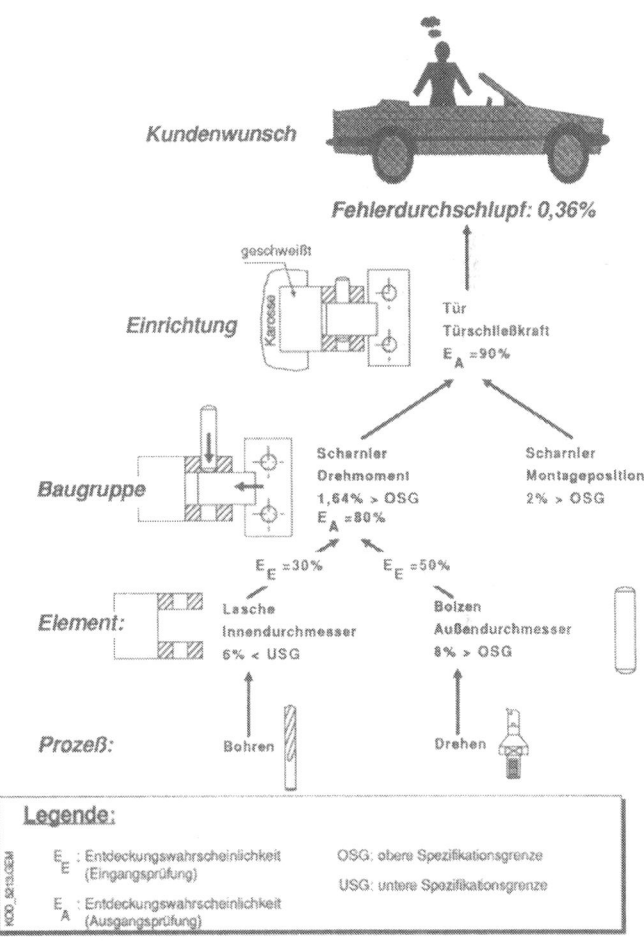

Bild 5.13: Beispiel für die Ermittlung der Fehlerquote am Endprodukt

Spezifikationsgrenze ausfällt (negative Korrelation). In diesem Beispiel ist für den Bolzen daher nur die

Wahrscheinlichkeit des Überschreitens der oberen Spezifikationsgrenze und für die Laschenbohrung nur die Wahrscheinlichkeit des Unterschreitens der unteren Spezifikationsgrenze relevant. Die Fehlerquote des Fertigungsprozesses beträgt beim Bolzen bezüglich der oberen Spezifikationsgrenze 6% und bei der Laschenbohrung bezüglich der unteren Spezifikationsgrenze 8%.

Die erste Prüfung der Merkmale erfolgt eingangs des Montageprozesses der beiden Teile zum Scharnier (Erzeugung des Merkmals Drehmoment). Die Entdeckungswahrscheinlichkeit E_E beträgt 30 bzw. 50% (Bild 5.13). Der Montageprozeß hat seinerseits eine Fehlerquote von 2%. Die Ausgangsprüfung der Scharniere hat eine Entdeckungswahrscheinlichkeit von E_A=80%. Demnach (Formel in Bild 5.12) werden die Scharniere mit einem Fehlerdurchschlupf von D=1,64% zur Montage mit der Karosse angeliefert. Der Montagevorgang Scharnier-Karosse hat seinerseits wiederum einen Fehlerdurchschlupf von D=2%. Die Endprüfung der Türschließkraft erreicht eine Entdeckungswahrscheinlichkeit von E_A=90%, so daß insgesamt mit einem Fehlerdurchschlupf (Fehlerquote beim Kunden) von 0,36% zu rechnen ist.

5.3.6 Kriterien zur Einleitung von Verbesserungsmaßnahmen

Die für jedes Merkmal zu ermittelnden Werte für

* die Gewichtung (g) in bezug auf den übergeordneten Kundenwunsch (Kap. 5.3.4) und
* den Fehlerdurchschlupf (D) (Kap. 5.3.5),

können durch Multiplikation (nach geeigneter Normierung) in eine Risiko-Kennzahl überführt werden (z.B. RPZ der FMEA). Die Auswertung der Kennzahl zeigt auf, wo Optimierungen von Konstruktions- und Prozeßmerkmalen notwendig sind. Da die Kennzahl ein Maß für das Risiko liefert, ist es sinnvoll, alle Merkmale mit einem hohen Wert zuerst zu betrachten. Dabei ist in der Datenstruktur (vgl. Bild 5.9) von oben nach unten vorzugehen, denn der Optimierung der Konstruktion sollte stets Vorrang gewährt werden vor einer Optimierung der Prozesse oder gar einer Ausweitung der Prüftätigkeit.

In einem zweiten Schritt müssen bei jedem auffälligen Merkmal die Faktoren der Risikokennzahl (g und D) einzeln bewertet werden.

Bei hohen g-Werten sind die zu erwartenden Produktfunktionsbeeinträchtigungen und damit die Verärgerung des Kunden groß. Hier ist es generell sinnvoll, zu bedenken, ob eine konzeptionelle Änderung Abhilfe bringen kann.

Hohe D-Werte können entweder auf einer hohen Fehler- (F) oder einer geringen Entdeckungswahrscheinlichkeit (E) basieren. Bei hohen F-Werten treten Fehler sehr häufig auf. Hier sind die Merkmale zu suchen, bei denen trotz niedriger "Gewichtung" oder guter "Entdeckungswahrscheinlichkeit" eine Konzeptverbesserung durch Ursachenoptimierung auf den untergeordneten Ebenen der Hierarchie sinnvoll ist. Niedrige E-Werte können aufzeigen, daß kritische Fehlerursachen und Fehler eventuell aus konzeptionellen Gründen nicht auffindbar sind. Hier liegt das gesamte Potential der Fehlervermeidung in der Minimierung der Auftretenswahrscheinlichkeit F. Sehr hohe E-Werte dagegen können Schwachstellen aufzeigen, bei denen ein "Risiko" im Konzept durch das kostenintensive nachträgliche Suchen von aufgetretenen Fehlern minimiert werden muß.

5.4 Produktionsdatenmodell in der Qualitätssicherung

Das Produktdatenmodell ist notwendig aber nicht hinreichend, um den Informationsbedarf der planenden und steuernden Bereiche zu befriedigen. Es muß um ein Produktionsdatenmodell ergänzt werden, das die eingesetzten Betriebsmittel und Verfahren aus Sicht der Qualitätssicherung beschreibt. In Abhängigkeit von den eingesetzten Fertigungsmitteln, der Fertigungsart oder dem Produktspektrum kann es sinnvoll sein, dieses Modell in überschaubare Partialmodelle zu zerlegen (Betriebsmittelmodell, Steuerungsmodell), wie es von der Kommission CIM im DIN vorgeschlagen wird /KCIM89, KCIM89a/. Im Rahmen dieser Arbeit soll diese mögliche Differenzierung nicht verfolgt werden. Die strenge Orientierung am Begriff des Merkmals reicht aus, um die enge Verzahnung von Produkt und Produktion durch zwei Modelle abzubilden. Eine weitergehende Differenzierung der Modelle wird sich bei der Realisierung an individuellen, unternehmensspezifischen Randbedingungen ausrichten müssen.

5.4.1 Aufbau eines merkmalsbezogenen Produktionsdatenmodells

Das Produktionsdatenmodell beschreibt produktneutral die Fähigkeit des Unternehmens, geforderte Merkmale zu realisieren. Dazu muß das Produktionsdatenmodell zum einen das Know-How des Unternehmens bezüglich der bei der Realisierung eines Merkmals zu berücksichtigenden Einflußgrößen (z.B. Bedeutung für Abnehmer oder Folgeprozesse) und zum andern aktuelle Informationen über die Merkmalswerte, die in Fertigung und Montage mit den vorhandenen Produktionsmitteln erreichbar sind (Fähigkeiten), abbilden.

Bild 5.14 zeigt die Datenstruktur, die zur Abbildung von Merkmalen im Produktionsdatenmodell entwickelt wurde.

Zunächst werden alle als dokumentationswürdig erachteten Merkmale isoliert (beziehungslos) geführt. In einem zweiten Schritt werden die Merkmale miteinander in Beziehung gesetzt. Das ist erforderlich, um Redundanz zu vermeiden, die entsteht, wenn Merkmale von den gleichen untergeordneten Merkmalen abhängen. Weiterhin ermöglicht diese Form der Abbildung, einmal erkannte (zum Beispiel bei der Behebung von Fehlern) Ursache-Wirkungsbeziehungen zu dokumentieren, später nachzuvollziehen und auf andere Anwendungsfälle zu übertragen.

Wie das Produktdatenmodell wird auch das Produktionsdatenmodell aus Merkmals- und Beziehungsdatensätzen aufgebaut. Die zur produktneutralen Beschreibung der Merkmale und deren Beziehungen notwendigen Attribute des Merkmals- und des Beziehungsdatensatzes (Bild 5.14) sollen nachfolgend besprochen werden. Dabei werden zunächst die Datenfelder des Merkmalsdatensatzes abgehandelt. Eine detaillierte Beschreibung der Inhalte ist dem Anhang A-2 zu entnehmen.

Es handelt sich im einzelnen um die Felder:

* Merkmalsnummer
* Merkmalsbezeichnung
* Nennmaßbereich
* Erzeugerfeld
* Fehlerkennfeld
* Prüfmaßnahmenfeld (Ausgangsprüfung)
* Entdeckungswahrscheinlichkeitskennfeld

Da die wesentlichen Eigenschaften der Datenfelder bereits im Produktdatenmodell beschrieben wurden, sollen im folgenden nur noch Besonderheiten der einzelnen Felder im Produktionsdatenmodell aufgeführt werden.

Das Feld "Merkmalsnummer" ist identisch im Datentyp, darf aber nicht im Inhalt identisch sein. Das Feld "Merkmalsbezeichnung" wird wie im Produktdatenmodell gebraucht.

Im Produktdatenmodell wird im Datenfeld "Er-

I) Verwalten der isolierten Merkmale

II) Verwaltung der Beziehungen zwischen den Merkmalen

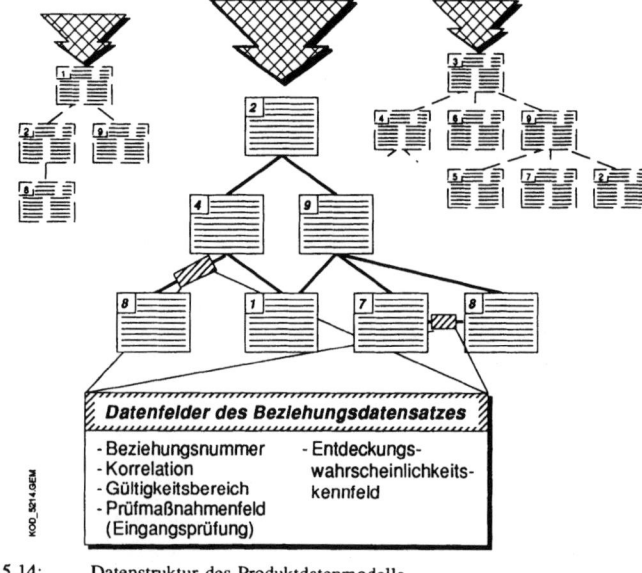

Bild 5.14: Datenstruktur des Produktdatenmodells

Entwicklung des Datenmodells

zeugung" jedem Merkmal die aktuelle, produktspezifische Art und Weise der Realisierung zugeordnet. Im Produktionsdatenmodell verweist dieses Feld auf eine Liste der Objekte, die dieses Merkmal realisieren (ausprägen) können. Wird zum Beispiel dem Merkmal "Durchmesser" im Produktdatenmodell eine konkrete Drehmaschine zugewiesen, so enthält das Attribut "Erzeugerfeld" eine Aufzählung aller der Maschinen, die für die Erzeugung des Durchmessers innerhalb eines gewissen **Nennmaßbereiches** in Frage kommen. Bei der Aufstellung des Produktdatenmodells wählt der Planer eine Maschine aus der Liste aus. Weiterhin werden im Erzeugerfeld die Zulieferer dokumentiert, die für das jeweilige Merkmal in Frage kommen. Auch können im Erzeugerfeld die Kosten für die Erzeugung des Merkmals in Abhängigkeit von den Parametern des Merkmals festgehalten werden.

Der Inhalt des "Fehlerkennfeldes" soll am Beispiel des Merkmals Durchmesser erläutert werden. Die Fehlerwahrscheinlichkeit des Merkmals Durchmesser ist abhängig vom Nennwert, von der Toleranzfeldbreite, von den gewählten Produktionsmitteln und vom jeweiligen Prozeßbild. Bei der produktneutralen Darstellung des Merkmals ergibt sich daher die Schwierigkeit, jeder möglichen Kombination der Parameter eine Fehlerquote -z.B. als Ergebnis einer Qualitätsprüfung- zuzuordnen.

Die Ergebnisse einer Qualitätsprüfung liegen meist als Einzelwerte vor. Eine Möglichkeit liegt darin, die sogenannten Urwerte ohne weitere Verarbeitung direkt abzuspeichern (Bild 5.15).

Aus dieser Vorgehensweise ergibt sich der Vorteil des geringst möglichen Informationsverlustes. Der einzelne Wert kann auch nachträglich dem Prüfling zugeordnet werden (Voraussetzung bei dokumentationspflichtigen Bauteilen).

Zur Reduzierung des Datenvolumens können die Einzelwerte mittels der Methoden der beschreibenden Statistik zu aussagekräftigen Kennwerten verdichtet werden. Die statistische Datenverdichtung faßt je Los, Charge oder Prüfvorgang die Einzelergebnisse der Qualitätsprüfung zusammen und berechnet die Kennwerte der Merkmalsverteilung. Üblicherweise werden für quantitative Merkmale hierbei der Mittelwert, die Standardabweichung, der zu erwartende Fehleranteil sowie gegebenenfalls der Trendfaktor als Kennwert der zeitlichen Deviation eines Prozesses

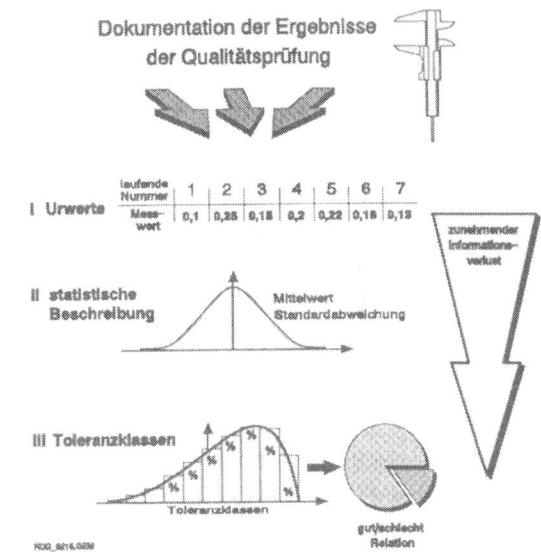

Bild 5.15: Alternative Formen der Dokumentation von Prüfergebnissen

ermittelt. Zusätzlich werden Abschätzungen über die Aussagegenauigkeit und den Vertrauensbereich der einzelnen Kennwerte durchgeführt /BONS89, BAMB87, JOHN79, DGQ 74, DIN 83/.

Nicht-normalverteilte Merkmalswerte können nicht eindeutig mit den Kennwerten Mittelwert und Standardabweichung beschrieben werden.

In diesem Fall wird vorgeschlagen, die Merkmalsergebnisse um den Mittelwert zu klassifizieren und die einzelnen Klassenhäufigkeiten auszuzählen und abzuspeichern (Bild 5.15). Bei dieser Vorgehensweise wird die Verteilungskurve mit Rechtecken angenähert. Die Klassifizierung der Nennwerte und der Toleranzfeldbreiten kann nach DIN 7151 /DIN 64/ (ISO-Grundtoleranzreihe) erfolgen. Die einfachste Form der Klassifizierung ist die duale (gut / schlecht) Bewertung (Bild 5.15). Diese Methode hat jedoch den größten Informationsverlust zur Folge.

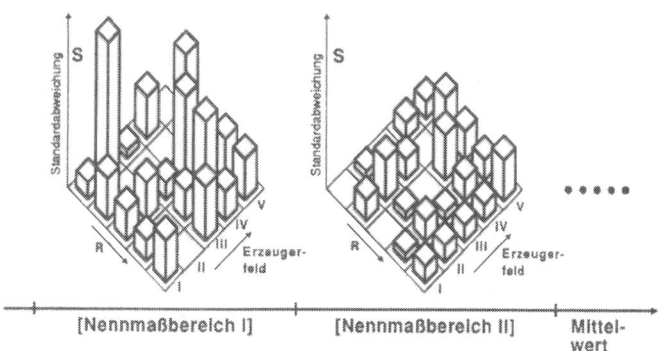
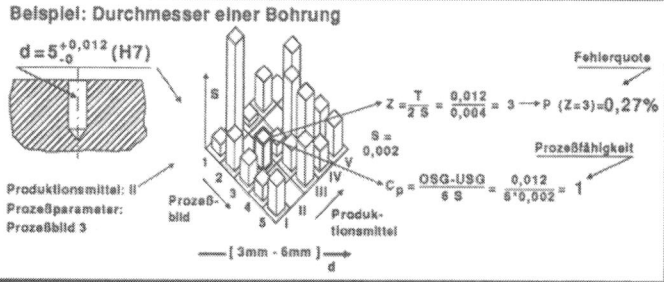
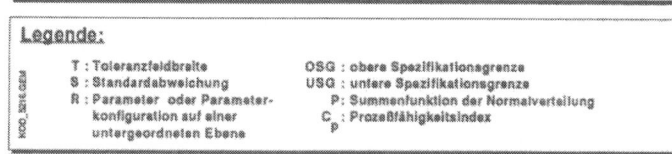

Bild 5.16: Abbilden der Standardabweichung für ein Merkmal im Kennfeld

Bild 5.16 gibt ein Beispiel für die Abbildung der bei der Realisierung eines Merkmals erreichten Werte mit den Kennwerten der beschreibenden Statistik, Mittelwert und Standardabweichung.

Entwicklung des Datenmodells 101

Zunächst wird der gesamte Wertebereich des Merkmals in diskrete Intervalle (Nennmaßbereiche) geteilt. Jedem Intervall (Mittelwerte) kann ein Kennfeld zur Dokumentation der Standardabweichungen zugeordnet werden. Ein Kennfeld bildet dabei im jeweiligen Intervall des Merkmalsmittelwertes die Standardabweichung für das Merkmal in Abhängigkeit von der Art und Weise der Erzeugung -Lieferant bzw. bei Eigenfertigung Produktionsmittel- und weiteren relevanten Einflußgrößen ab (die relevanten Einflußgrößen finden sich in der Hierarchie auf der nächst niedrigeren Ebene, vgl. Bild 5.14). In Bild 5.16 ist aufgrund der gewählten Form der graphischen Abbildung nur eine Einflußgröße (R) dargestellt. Bei einer numerischen Abbildung können aber auch n-dimensionale Probleme leicht dargestellt werden.

Die Sachverhalte sollen am Beispiel des Merkmals "Durchmesser einer Bohrung" verdeutlicht werden (Bild 5.16). Betrachtet wird der Nennmaßbereich zwischen 3 und 6 mm. Die Einteilung erfolgte in Anlehnung an DIN 7151 /DIN 64/. Zur Erzeugung des Kennfeldes wurden die zur Standardabweichung verdichteten Ergebnisse der Qualitätsprüfung (bezüglich des Merkmals Durchmesser im Nennmaßbereich 3 bis 6 mm) der jeweiligen Maschine und dem bei der Fertigung vorliegenden Prozeßbild (im Beispiel nur Schnittgeschwindigkeit) zugeordnet und über einen längeren Zeitraum (Zeitfenster) dokumentiert."Weiße Flecken" (ohne Säule) im Diagramm zeigen Zustandspunkte auf, die bisher noch in keiner Prüfung erfaßt wurden. Unter Umständen kann es sinnvoll sein, diese Lücken durch gezielte Versuche zu schließen.

Die Kenntnis des Kennfeldes und die Anwendung der Methoden der induktiven Statistik ermöglichen es nun, die Fehlerquote für einen beliebigen Durchmesser innnerhalb des Intervalls abzuschätzen. Im Bild dargestellt ist der Durchmesser d=5H7. Zur Erzeugung des Durchmessers wurde das Produktionsmittel II gewählt. Das Prozeßbild kann durch die Schnittgeschwindigkeit V_c=100 m/min charakterisiert werden. Alle diese Angaben bestimmen genau einen Zustandspunkt im Kennfeld. Für die Standardabweichung ergibt sich der Wert S=0,002. Aus dem Quotienten der Toleranzfeldbreite T und der zweifachen Standardabweichung S kann durch Anwendung der Summenfunktion der Normalverteilung /BRON85/ direkt die zu erwartende Fehlerquote berechnet werden (Bild 5.16). Auch der zu erwartende Prozeßfähigkeitsindex c_p kann direkt aus der Toleranzfeldbreite T und der Standardabweichung S ermittelt werden /VDA 86/.

Die Verwendung des Feldes "Prüfmaßnahmen" erfolgt analog zum "Erzeugerfeld".

Die Erstellung und Handhabung des Kennfeldes für die "Entdeckungswahrscheinlichkeit" erfolgt vergleichbar der des Fehlerkennfeldes.

Wie auch im Produktdatenmodell stellt der Beziehungsdatensatz die Beziehung zwischen den zunächst isoliert vorliegenden Merkmalen im Sinne von Ursache-Wirkungs-Relationen her. Eine detaillierte Beschreibung der Inhalte ist dem Anhang A-2 zu entnehmen.

Es handelt sich im einzelnen um die Felder:

* Beziehungsnummer
* Korrelation
* Gültigkeitsbereich
* Prüfmaßnahmenfeld (Eingangsprüfung)
* Entdeckungswahrscheinlichkeitskennfeld

Da die wesentlichen Eigenschaften der Datenfelder bereits im Produktdatenmodell beschrieben wurden, sollen im folgenden nur noch Besonderheiten der einzelnen Felder im Produktionsdatenmodell aufgeführt werden.

"Beziehungsnummer" und "Korrelation" werden analog zum Produktdatenmodell gebraucht.

Der Beziehungsdatensatz stellt die Beziehung zwischen einem Merkmal und allen untergeordneten Merkmalen, die durch Versuche oder im Laufe der Zeit als wichtig für die fehlerfreie Realisierung des übergeordneten Merkmals erkannt wurden, her. Im Merkmalsdatensatz des Produktionsdatenmodells werden jedoch nicht nur einzelne Ausprägungen, sondern auch die Eigenschaften des Merkmals über den gesamten Wertebereich dokumentiert. Für das Merkmal "Oberflächengüte einer Welle" bedeutet dies, daß zum Beispiel im Wertebereich von 50 bis 10 µm andere untergeordnete Merkmale (Prozesse und deren Parameter, vgl. Bild 5.7) relevant sind, als im Nennmaßbereich 10 bis 2µm. Im Datenfeld "Gültigkeitsbereich" wird ein Verweis auf alle untergeordneten Merkmale aufgebaut, die innerhalb der Nennmaßintervalle zu beachten sind.

Das Entdeckungswahrscheinlichkeitskennfeld wird analog zum Erzeugerkennfeld genutzt.

5.5 Entwurf des Datenbankmodells

Der Entwurf des konzeptionellen (oder logischen) Datenmodells (Kap. 5.3) war der erste Schritt beim Aufbau einer realen Datenbank zur Unterstützung qualitätssichernder Aufgaben. Er erfolgte ohne Bezug zu konkreten Datenbanksystemen. In einem zweiten Schritt muß nun das konzeptionelle Datenmodell in das Datenbankmodell -der Grundlage für die Implementierung auf einem konkreten Datenbanksystem- überführt werden. Die Eigenschaften des Datenbanksystems hängen stark vom eingesetzten Datenbankmodell ab. Vor- und Nachteile verschiedener Datenbankmodelle sind in Kapitel 4.5 diskutiert worden. Aufgrund der vielen Vorteile und seiner heute umfassenden Verbreitung wurde das relationale Datenbankmodell zur Abbildung der in Kap. 5 konstruierten Strukturen qualitätsrelevanter Daten ausgewählt.

Die weiteren Arbeiten zielen dabei nicht darauf ab, ein implementationsfähiges Datenbankmodell für ein CAQ-System (Computer-Aided-Quality-Assurance) zu liefern, sondern erbringen den Nachweis, daß die entwickelten Strukturen mit z.Zt. käuflichen Datenbanksystemen umsetzbar sind. Der PC-gestütze CAQ-Ansatz wurde bereits durch BONSE /BONS89/ ausführlich beschrieben.

Entwicklung des Datenmodells 103

Es werden im folgenden einige für ein CAQ-System elementare Datensätze (z.B. Prüfmittelstammdaten) unberücksichtigt bleiben, obgleich deren Abbildung ohne weiteres möglich wäre.

5.5.1 Abbilden des Produktdatenmodells mit dem relationalen Datenbankmodell

Bild 5.17 zeigt den Merkmalsdatensatz des Produktdatenmodells (vgl. Bilder 5.4 und 5.10) in relationaler Schreibweise.

Die Relation PRODUKTMERKMAL befindet sich per definitionem in der 2. Normalform (nur ein Schlüsselattribut). Zwischen den Attributen ERZEUGER und FEHLERWAHRSCHEINLICHKEIT bzw. PRÜFMASSNAHME und ENTDECKUNGSWAHRSCHEINLICHKEIT ist mit einer funktionalen Abhängig-

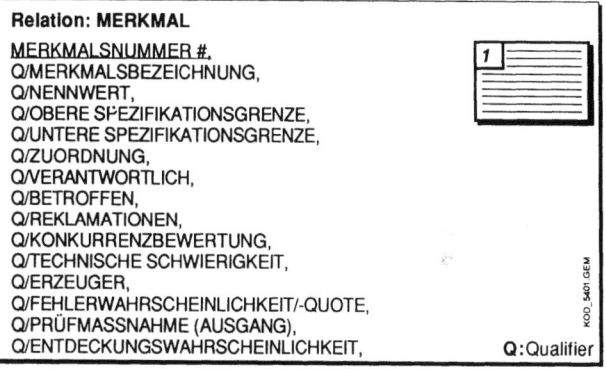

Bild 5.17: Die Relation MERKMAL im Produktdatenmodell

keit -einem Verstoß gegen die 3. Normalform- zu rechnen. Da jedoch nach Beginn der Produktion z.B. im Feld FEHLERWAHRSCHEINLICHKEIT nicht mehr die zu erwartenden, sondern die aktuellen Fehlerquoten (diese sind nur noch mittelbar von der Art und Weise der Erzeugung abhängig) bezüglich eines Merkmals abgelegt werden, soll in den beiden Fällen ein Verstoß gegen die 3. Normalform toleriert werden.

Ein besonderes Datenelement ist der Qualifier (Q in Bild 5.17). Der Qualifier beschreibt die genaue Funktion oder die detaillierte Bedeutung des zugehörigen Attributes. Der Qualifier -dargestellt durch einen Code- wird dem zu qualifizierenden Attribut vorangestellt. So kann zum Beispiel einem Zahlenwert im Feld des Attributes NENNWERT über einen Qualifier die jeweilige Maßeinheit zugeordnet werden. Bei den Attributen FEHLERWAHRSCHEINLICHKEIT und ENTDECKUNGSWAHRSCHEINLICHKEIT hat der Qualifier die Aufgabe festzuhalten, in welcher Form die Werte im Datenfeld vorliegen (Urwerte, in Prozent oder verdichtet zu Mittelwert und Standardabweichung). Auch für Statusangaben (z.B. freigegeben / nicht freigegeben) kann der Qualifier genutzt werden. Im Datenfeld ERZEUGER kann mittels Qualifier dokumentiert werden, ob die Realisierung des Merkmals im eigenen Unternehmen (Datenfeld enthält eine Beschreibung des Arbeitsvorgangs) oder durch einen Zulieferer (Datenfeld enthält eine Beschreibung des Lieferanten) erfolgt. Der Qualifier ermöglicht somit eine sehr flexible Form der Darstellung und daher eine deutliche Reduzierung der Zahl der erforderlichen Attribute.

Bild 5.18 zeigt den Beziehungsdatensatz des Produktdatenmodells (vgl. Bilder 5.4 und 5.10) in relationaler Schreibweise.

Zur Realisierung eines Merkmals sind in der Regel mehrere Merkmale auf einer untergeordneten Ebene zu erfüllen (Bild 5.18, Pfeilrichtung: Auflösung). In der umgekehrten Richtung kann ein Merkmal zur Erfüllung mehrerer Merkmale auf der übergeordneten Ebene erforderlich sein (Bild 5.18, Pfeilrichtung: Verwendungsnachweis). Stellt man diesen -dem klassischen Stücklistenproblem äquivalenten- Sachverhalt mittels der Relation BEZIEHUNG I (Bild 5.18) dar, so läßt sich ein Tupel nur mit einem zusammengesetzten Schlüssel, bestehend aus den Nummern der beiden zu verknüpfenden Merkmale, eindeutig identifizieren.

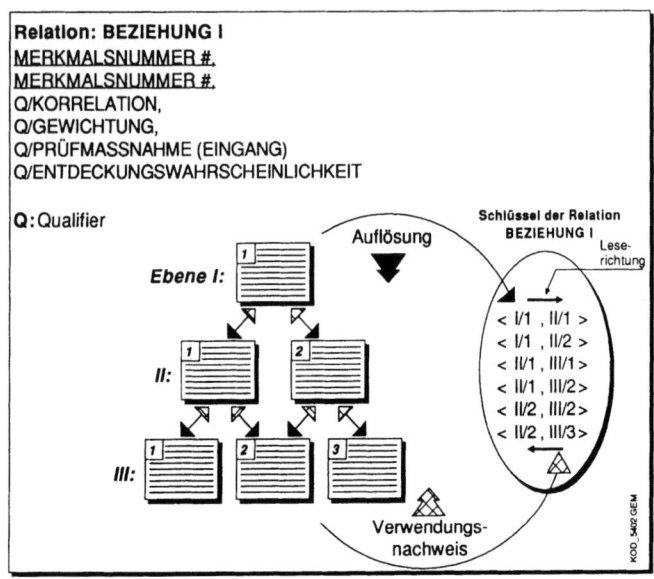

Bild 5.18: Die Relation BEZIEHUNG I im Produktdatenmodell

Die Relation BEZIEHUNG I befindet sich in der 2. Normalform; für die funktionale Abhängigkeit zwischen den Attributen PRÜFMASSNAHME und ENTDECKUNGSWAHRSCHEINLICHKEIT gelten die oben getroffenen Aussagen.

5.5.2 Abbilden des Produktionsdatenmodells mit dem relationalen Datenbankmodell

Zur produktneutralen Abbildung der Daten im Produktionsdatenmodell wurden in Kap. 5.4 die Kennfeld-Datenstrukturen entwickelt. Bild 5.19 zeigt beispielhaft die Darstellung des Fehlerkennfeldes (vgl. Bild 5.14) im relationalen Modell.

Alle Einflußgrößen auf die Fehlerwahrscheinlichkeit -im Beispiel repräsentiert durch die Standardabweichung- erscheinen als Schlüssel der Relation FEHLERKENNFELD. Die exakte Bedeutung der Attribute wird, wie schon im Produktdatenmodell, durch Qualifier bestimmt.

Entwicklung des Datenmodells

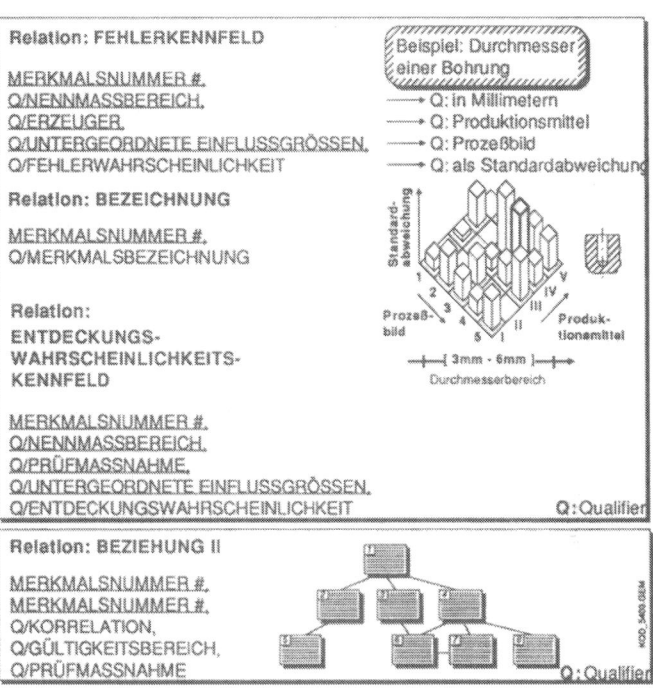

Bild 5.19: Abbildung des Produktionsdatenmodells mit dem relationalen Modell

Überträgt man das Beispiel "Durchmesser einer Bohrung" aus Bild 5.16 in die relationale Schreibweise, so legt der Qualifier des Attributes NENNMASSBEREICH die Maßeinheit Millimeter fest. Der Qualifier des Attributes ERZEUGER dokumentiert, daß das Merkmal im Unternehmen selbst gefertigt wird. Das Datenfeld ERZEUGER enthält daher eine Beschreibung der für den Arbeitsvorgang benötigten Produktionsmittel. Da das Merkmal Durchmesser in einem Bearbeitungsprozeß realisiert wird, stehen auf der dem Merkmal untergeordneten Ebene Prozeßparameter und -merkmale. Dies wird mit dem Qualifier des Datenfeldes UNTERGEORDNETE EINFLUSSGRÖSSEN festgehalten. Im vorliegenden Beispiel enthält das Datenfeld daher eine Beschreibung des Prozeßbildes. Alle diese Schlüsselattribute bestimmen genau einen Zustandspunkt im Kennfeld und damit genau eine Fehlerwahrscheinlichkeit, die festgelegt durch einen Qualifier (in diesem Beispiel) durch die Standardabweichung repräsentiert wird. (Soll die Dokumentation der Ergebnisse der Qualitätsprüfung bei nicht normalverteilten Merkmalsausprägungen in Toleranzklassen (vgl. Bild 5.15) erfolgen, so ist entweder der Schlüssel der Relation FEHLERKENNFELD um das Attribut TOLERANZ-FELDBREITE zu erweitern, oder das Attribut NENNMASSBEREICH entsprechend fein zu skalieren.)

Da die Relation FEHLERKENNFELD nur ein Nicht-Schlüsselattribut aufweist, befindet sie sich per definitionem in der 3. Normalform. Das Attribut MERKMALSBEZEICHNUNG wird in der Relation BEZEICHNUNG dokumentiert und über die Merkmalsnummer eindeutig identifiziert.

Die Darstellung des Entdeckungswahrscheinlichkeitskennfeldes im relationalen Modell erfolgt analog.

Der Beziehungsdatensatz des Produktionsdatenmodells (vgl. Bild 5.14) wird mit der Relation BEZIEHUNG II (Bild 5.19) im relationalen Datenmodell abgebildet. Auch im Produktionsdatenmodell wird die Beziehung zwischen zwei Merkmalen durch einen zusammengesetzten Schlüssel, bestehend aus den Nummern der beiden zu verknüpfenden Merkmale, eindeutig identifiziert. In der Relation BEZIEHUNG II wird die jeweilige (Eingangs-) Prüfmaßnahme dokumentiert. Die zugehörige merkmals- und nennmaßbereichsabhängige Entdeckungswahrscheinlichkeit kann aus der Relation ENTDECKUNGSWAHRSCHEINLICHKEITSKENNFELD entnommen werden.

5.5.3 Anwendung des Datenbankmodells auf ein präventives Verfahren der Qualitätssicherung zum Nachweis der Praktikabilität

Die Praxisnähe und die Leistungsfähigkeit des entwickelten Qualitätsdatenmodells sollen durch eine Gegenüberstellung mit dem Informationsbedarf von Qualitätstechniken aus dem Bereich der präventiven Qualitätssicherung nachgewiesen werden. Hierzu wurde ein Verfahren ausgewählt, das sich durch eine große strukturelle Tiefe auszeichnet. Es handelt sich um die Methode des "Quality Function Deployment" (QFD), die die Gestaltung eines Erzeugnisses durchgängig von ersten Marktrecherchen bis zur Betriebsmittelkonstruktion begleiten kann.

5.5.3.1 Kurzdarstellung der Methode des "Quality Function Deployment" (QFD)

Die Methode des "Quality Function Deployment" (QFD) begleitet die Produktentstehung durchgängig von der Entwicklungsphase bis zur Serienreife. Quality Function Deployment setzt bereits im Marketingbereich ein und führt letztendlich zur Spezifikation der in der Serienphase einzusetzenden Betriebsmittel. Die einzelnen Ablaufschritte des Quality Function Deployment werden dabei von einem fachübergreifenden Projektteam bearbeitet und koordiniert.

Die Methode des Quality Function Deployment wurde ursprünglich in Japan entwickelt und erfuhr dort eine weite Verbreitung. Einige Quellen /ASI 87; SULL86/ sehen in der Umsetzung der QFD-Philosophie den Schlüssel zum Verständnis des Erfolges japanischer Unternehmen im internationalen Verdrängungswettbewerb. In den USA wird QFD heute mit Nachdruck von der ASI (American Supplier Institute) propagiert. Auch in Europa gewinnt die Methode zunehmend an Bedeutung /PFEI90/.

Maxime der QFD-Philosophie ist, den Erwartungen und den Wünschen des Kunden oder des Anwenders in jeder Phase der Produktentstehung einen höheren Stellenwert beizumessen als den Realisierungsvorstellungen des Ingenieurs. Der Ingenieur wird als Mittler zwischen den Kundenanforderungen und dem technisch Machbaren verstanden. Ziel soll nicht ein Produkt sein, das alle technisch möglichen, sondern nur genau die vom Kunden gewünschten Merkmale aufweist. Alle Tätigkeiten der Produktentwicklung sind daher aus der "Sicht des Kunden" und nicht aus der "Sicht des Ingenieurs" zu interpretieren. Die Aufgabe des Ingenieurs bei der Produktentwicklung kann verglichen werden mit der Aufgabe eines Dolmetschers, einen Satz in eine andere Sprache zu übersetzen. Die Übersetzung mag zwar grob grammatikalisch korrekt sein, die Bedeutung wird jedoch oft verfälscht.

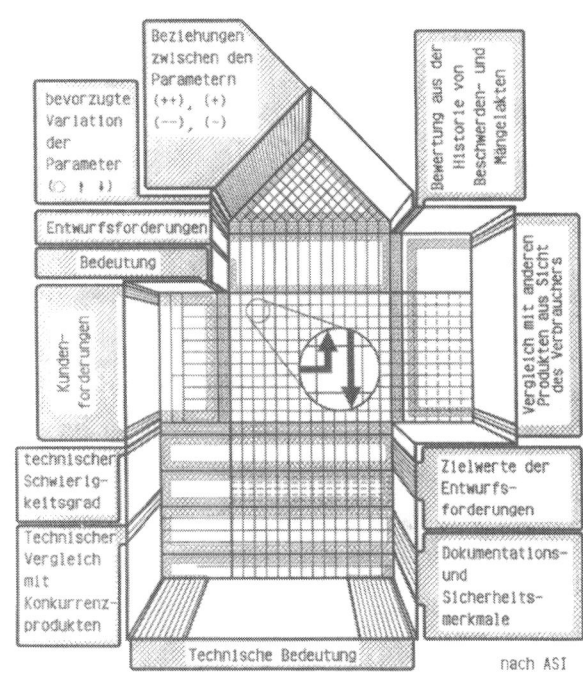

Bild 5.20: Das QFD-Formblatt-"The House of Quality"

Quality Function Deployment beschreibt nun eine Vorgehensweise, die die sinngemäße "Übersetzung" der Kundenwünsche in allen Produktentstehungsphasen unterstützt /ASI 87, SULL86, PFEI90/.

Wichtigstes Hilfsmittel bei der Durchführung des Quality Function Deployment ist das QFD-Formblatt (Bild 5.20), das wegen der dachähnlichen Struktur im oberen Bereich auch "House of Quality" genannt wird.

5.5.3.2 Anwendung des Datenmodells

Das QFD-Formblatt enthält auf engem Raum eine große Anzahl Daten. Auf den ersten Blick wirkt das "House of Quality" daher sehr unübersichtlich und komplex. Die einzelnen Bereiche des "House of Quality" lassen sich jedoch unter thematische Oberbegriffe einordnen. Am Beispiel einer gezielten Umsetzung von Kundenforderungen in technische Forderungen sollen die Datenelemente vorgestellt und ihrem Äquivalent im Produktdatenmodell (Kap. 5.3) zugewiesen werden:

Kundenforderungen, Entwurfsforderungen, Dokumentations- und Sicherheitsmerkmale und deren Bedeutung

Zunächst werden die Kundenanforderungen -im QFD-Sprachgebrauch allgemein "WHAT's" genannt- ermittelt, systematisiert und, ihrer Bedeutung nach gewichtet (vgl. auch Kap. 5.3.1.1), in das QFD-Chart eingetragen. Das QFD-Team leitet dann aus der Auflistung der "WHAT's" die Entwurfsforderungen -"HOW's" im QFD-Sprachgebrauch- ab. Die Gewichtung der "HOW's" (Entwurfsforderungen) in bezug auf die übergeordneten "WHAT's" (Kundenanforderungen) erfolgt in einer Matrix. Erkannte Korrelationen zwischen den "HOW's" (Entwurfsforderungen) werden im "Dach" des "House of Quality" festgehalten (vgl. auch Kap. 5.3.1.2).

Die hier geschilderten Arbeitsschritte entsprechen (bei der Erstellung des Produktdatenmodells) der in Bild 5.6 illustrierten Übersetzung der Merkmale der Ebene "Kundenwunsch III" in Merkmale auf der Ebene "Einrichtung". Die Beschreibung einer Kunden- oder einer Entwurfsforderung wird mit dem Attribut **Merkmalsbezeichnung** des Merkmalsdatensatzes festgehalten. Die Gewichtung der Merkmale -Kunden- bzw. Entwurfsanforderung- erfolgt im Datenfeld **Gewichtung** des Beziehungsdatensatzes. Die Korrelation zwischen Entwurfsforderungen -das Dach des "House of Quality"- wird im Datenfeld **Korrelation** des Beziehungsdatensatzes dokumentiert.

Zielwerte, deren bevorzugte Variation und technischer Schwierigkeitsgrad

Im nächsten Schritt werden den "HOW's" im QFD-Diagramm Zielwerte zugeordnet. Im Produktionsdatenmodell werden diese in den Datenfeldern **Nennwert**, **obere**, **untere Spezifikationsgrenze** und **Einheit** abgelegt.

Die bevorzugte Variation des Zielparameters (z.B. "Je kleiner desto besser.") kann im QFD-Chart mit Pfeilen kenntlich gemacht werden. Im Produktionsdatenmodell erfolgt dies für das betreffende Merkmal durch Auslassen der oberen bzw. der unteren Spezifikationsgrenze (vgl. Kap. 5.3.1.2).

Im QFD-Chart wie auch im Produktionsdatenmodell kann das Ausmaß der bei der Realisierung eines Merkmals zu erwartenden Schwierigkeiten im Datenfeld **technische Schwierigkeit** abgeschätzt werden.

Konkurrenzbewertung, Reklamationen

Das zu planende Erzeugnis wird zum einen aus der Sicht des Kunden mit Konkurrenzprodukten verglichen. Zum andern werden die festgelegten Entwurfsforderungen unter technischen Gesichtspunkten ebenfalls mit Konkurrenzprodukten verglichen. Das Ergebnis -eine relative Positionierung des eigenen Produkts am Markt- wird im Datenfeld **Konkurrenzbewertung** des Produktdatenmodells abgelegt.

Die Mängel- und Beschwerdenhistorie wird im Datenfeld **Reklamationen** des Produktdatenmodells geführt.

Entwicklung des Datenmodells 109

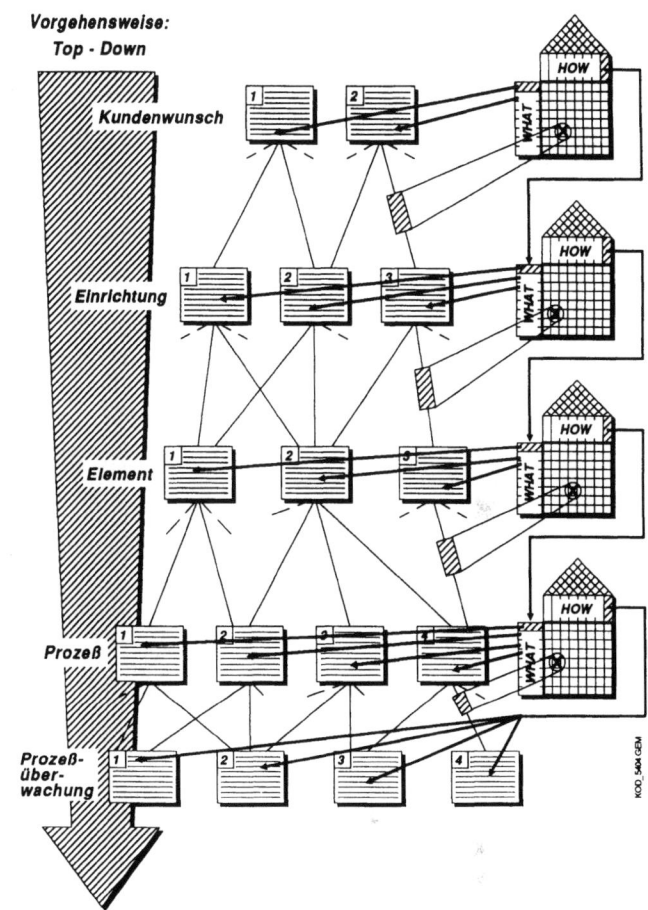

Ist das "House of Quality" der obersten Betrachtungsebene gefüllt, so wird jedes "HOW" (Kopfzeile des Diagramms) in der QFD-Chart der nächst niedrigeren Betrachtungsebene wie ein "WHAT" (linke Spalte des Diagramms) behandelt (Bild 5.21). Die "WHAT's" der niedrigeren Ebene werden dann erneut in "HOW's" übersetzt. Die Ausgangsgrößen des QFD-Diagramms einer Forderungsgruppe sind somit zugleich Eingangsgrößen des QFD--Diagramms der untergeordneten Forderungsgruppe. Der Idee des Quality Function Deployments liegt dabei die Vorstellung zugrunde, daß die geschilderte Systematik zur Beschreibung von Abhängigkeiten zwischen Forderungen, beginnend beim Kunden und endend mit den Forderungen an die Auslegung der Fertigungs- und Prüfmittel, anwendbar ist /PFEI90/.

Bild 5.21: Abbilden der Quality Function Deployment Daten in den Datenstrukturen des Produktdatenmodells

Von der Kundenforderung bis hin zu den Fertigungsmitteln sieht das Quality Function Deployment vier Schritte, in denen funktionale Abhängigkeiten definiert werden, vor:

* Aus den Kundenforderungen werden die Merkmale, die das Endprodukt aufweisen soll (Entwurfsforderungen), entwickelt.

* Aus den Entwurfsforderungen werden kritische Bauteilmerkmale abgeleitet.

* In einem Prozeßplan werden den Bauteilen kritische Prozeßparameter zugeordnet.

* Um die Einhaltung der kritischen Prozeßparameter sicherzustellen, werden auf der untersten Betrachtungsebene geeignete Arbeits- und Prüfanweisungen erstellt.

Wie Bild 5.21 zeigt, können die vier Arbeitsschritte des Quality Function Deployment problemlos mit dem Produktdatenmodell abgebildet werden.

In einer Top-Down-Vorgehensweise werden die im Rahmen eines Quality Function Deployment erzeugten Daten in den Datenstrukturen (vgl. Bilder 5.4 und 5.6) dokumentiert.

Die in der Matrix erzeugte Verknüpfung zwischen einem "WHAT" und einem "HOW" wird im Produktdatenmodell mit einem Beziehungsdatensatz dokumentiert. Die Beschreibung der "WHAT's" und der "HOW's" erfolgt, wie bereits oben ausgeführt, im Merkmalsdatensatz. Die Möglichkeiten der Beschreibung gehen dabei weit über die des QFD hinaus (vgl. Kap. 5.3). Eine explizite Unterscheidung zwischen "WHAT's" und den "HOW's" ist im Produktdatenmodell aufgrund der gewählten Form der Darstellung nicht erforderlich.

5.6 Datenschnittstelle für die Phase der Produktrealisierung

Bislang sind Datenmodelle diskutiert worden, die der gezielten Bereitstellung qualitätsrelevanter Informationen dienen. Die Frage, auf welche Weise diese Modelle mit Daten aus der laufenden Fertigung versorgt werden ist dabei in den Hintergrund getreten. Wie aus Bild 5.2 deutlich wird, stellt aber dieser Datenfluß eine tragende Säule des gesamtem Datenmodells dar. Aus diesem Grund soll in den verbleibenden Abschnitten dieses Kapitels der Aufbau einer derartigen Schnittstelle erarbeitet werden.

Die Anforderungen, die sich aus dem Datenmodell an die Schnittstelle ergeben, sind weit gefaßt. Nicht nur, daß qualitätsbeschreibende Daten zu Erzeugnissen, Betriebsmitteln und Verfahren bzw. Abläufen erfaßt werden müssen, die Schnittstelle muß auch bei Bedarf andere Erfassungsformen (Maschinendatenerfassung, Betriebsdatenerfassung) substituieren können, um in der operativen Ebene eine einheitliche Erfassungsoberfläche zu etablieren. Weiterhin soll sie nicht ausschließlich auf die Belange des Datenmodells zugeschnitten sein, sondern gegebenenfalls unabhängig davon operieren können. Da sich damit die Anzahl und der Charakter der potentiellen Zielsysteme sich nicht vollständig festlegen läßt, muß diese Schnittstelle als offenes

Entwicklung des Datenmodells

System konzipiert werden. Bei einer fest vorgegebener Grundstruktur müssen die Inhalte dem jeweils aktuellen Informationsbedarf schnell anpaßbar sein.

Für die Entwicklung der Schnittstelle erfolgt zu Beginn eine Sammlung von Belegen, die mittelbar und unmittelbar mit der Erfassung von Qualitätsdaten in Verbindung stehen. Die folgenden Auswertungen stützen sich auf fast 130 Einzelbelege aus 15 Unternehmen ab.

Ein erster wichtiger Analyseschritt bestand in der Isolierung der einzelnen Datenelemente aus diesen Belegen. Nachdem die Bezeichnungen der Datenelemente auf Synonymie hin untersucht und Datenelemente mit einem ausgesprochen firmenspezifischen Charakter herausgenommen worden waren, blieben ca. 550 unterschiedliche Einzeldaten übrig, die in unterschiedlicher Tiefe mit dem Begriff Qualität verknüpft waren.

5.6.1 Analyse und Strukturierung der Datenelemente

Der besseren Handhabbarkeit dieser großen Datenmenge wegen, wurden die einzelnen Datenelemente nach unterschiedlichen Ordnungssystemen klassifiziert. Neben der notwendigen Unterscheidung zwischen Stamm- und Bewegungsdaten war ein besonders wichtiger Klassifizierungsschritt die Zuordnung der einzelnen Datenelemente zu typischen Datenquellen (Bild 5.22). Bei dieser Zuordnung wurde der Grundsatz berücksichtigt, daß ein Datum nur eine Quelle haben darf, aber beliebig viele Ziele.

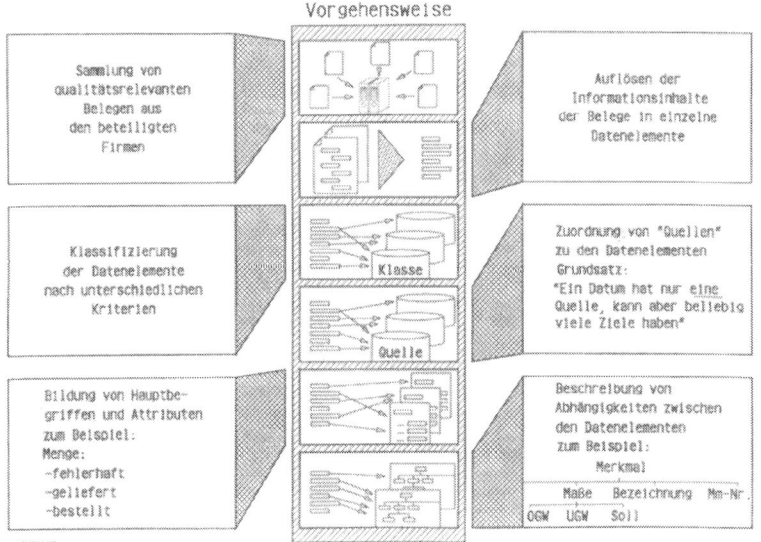

Bild 5.22: Vorgehensweise bei der Entwicklung der Schnittstelle

Die so geordnete Menge der Daten wurde nach typischen Grundmustern, Strukturen und Abhängigkeiten einzelner Datenelemente untersucht. In den folgenden Schritten war es möglich, eine Vielzahl der Daten in Form von Hauptbegriffen und untergeordneten Attributen zu identifizieren. Ein Beispiel hierfür ist der Begriff der "Menge", dem Attribute wie "fehlerhaft", "bestellt", "geliefert" oder "zurückgewiesen", um nur einige zu nennen, zugewiesen werden können. Im Rückblick zeigte sich, daß beinahe alle der untersuchten Belege solche Hauptbegriffe wie Menge oder Datum bzw. Zeit zum Inhalt hatten. Die Vielfalt der angetroffenen Benennungen ergab sich erst durch eine Spezifizierung über eine große Anzahl von Attributen.

Weitere Analysen hatten zum Ergebnis, daß bestimmte Kombinationen von Datenelementen immer in bestimmten typischen Gruppierungen erschienen. Es war möglich, bei diesen ersten Auswertungen charakteristische Datengruppen auszumachen, die zur Grundlage einer Beschreibung der Schnittstelle für Erfassungsaufgaben wurden. Ein Beispiel für eine derartige, untereinander abhängige Kombination von Datenelementen ist die Beschreibung des Merkmals. Ein Merkmal taucht in den Belegen nie als einzelnes Datenelement auf. Es wird sowohl für die Erfassung von Daten als auch für spätere Auswertungen erst nutzbar, wenn es in Kombination mit Datenelementen wie "Bezeichnung", "Merkmalsnummer", "Maßen" (oberer Grenzwert, unterer Grenzwert, Sollwert) und weiteren Datenelementen in Verbindung gebracht wird.

5.6.2 Definition der Struktur der Qualitätsdaten

Die Analysen der aus der Belegsammlung hervorgegangenen Datenelemente bildeten die Grundlage für die Definition einer Schnittstelle für Erfassungsaufgaben. Ein besonderes Gewicht wurde bei der Beschreibung der Schnittstelle der Tatsache beigemessen, daß es für eine spätere Analyse der erfassten Werte notwendig ist, das technische und organisatorische Umfeld, das während der Erfassung vorlag, zu rekonstruieren.

Die Qualität des Ausgangsproduktes wird beurteilt anhand der Ausprägung einzelner Qualitätsmerkmale, die in den Auftragsdaten niedergeschrieben sind. Merkmale können zum Beispiel sein: Durchmesser einer Welle, Rauhtiefe einer Oberfläche, Zugfestigkeit eines Werkstoffs, Zahl der Webfehler je Ballen Stoff.

Dieser Merkmalsbegriff, der ursprünglich nur auf das Erzeugnis ausgerichtet war, wird hier bei der Definition der Qualitätsdatenstruktur benutzt und auf alle anderen Bereiche ausgeweitet. Das heißt, nicht nur das Ausgangsprodukt wird über ein Merkmal und einen entsprechenden Merkmalswert beschrieben, sondern auch die Eingangsprodukte, die Betriebsmittel, das Personal und die Organisation.

Es muß sichergestellt werden, daß ein Bezug zwischen den erfassten Werten und unterschiedlichen Objekten im Umfeld der Erfassung auch später noch rekonstruierbar ist. Aus diesem Grunde bilden sechs Datengruppen, die sechs unterschiedliche Objekte beschreiben, den Kern der Schnittstelle (Bild 5.23).

Entwicklung des Datenmodells 113

Bei diesen Objekten handelt es sich um:

* das organisatorische Umfeld,
* das zur Verfügung gestellte Material,
* die eingesetzten Betriebsmittel,
* das beteiligte Personal,
* die eingesetzten Methoden und Verfahren und
* das Erzeugnis bzw. das Ergebnis des betrachteten Prozesses.

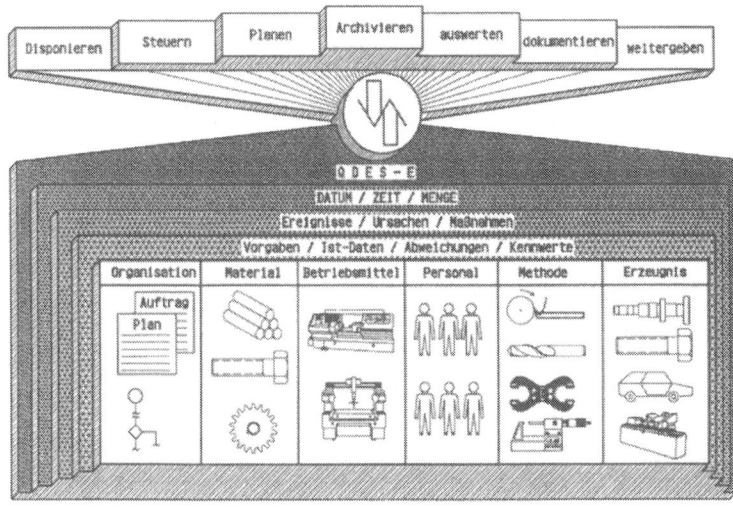

Bild 5.23:   Schematischer Aufbau der Schnittstelle

Zu diesen Objekten werden in weiteren Schritten beschreibende und referenzierende Daten zugeordnet. Im Falle einer typischen Qualitätsprüfung sind dies Vorgaben (z.B. Sollwerte), Istwerte, Abweichungen oder Kennwerte. Zusätzlich lassen sich Ereignisse, Ursachen oder Maßnahmen in Bezug zu den vorgenannten Objekten setzen und festhalten. In der Praxis läßt sich dies zur Beschreibung von Fehler- oder Störmeldungen verwenden. Ergänzt werden diese Datenelemente jeweils um Angaben zum Datum, der Zeit und der Menge. Damit ist ein Grundschema für die Beschreibung einer Schnittstelle für die Erfassung qualitätsrelevanter Daten entwickelt.

5.6.3 Datenblöcke und Qualifier

Die Oberbegriffe ORGANISATION, PERSONAL, BETRIEBSMITTEL, METHODE/VERFAHREN, EINGANGSPRODUKT, AUSGANGSPRODUKT lassen sich weiter nach folgendem Grundmuster strukturieren (Bild 5.24):

Der Qualifier qualifiziert den Inhalt eines Datenblocks näher. Er unterscheidet die einzelnen Varianten, die mit diesem Datenblock beschrieben werden können und verweist auf die entsprechende Tabelle dieser Variante. Die Ident-Nummer dient der eindeutigen Identifizierung des Gegenstandes (der Sache, der Person etc.). Das Datenfeld 'Bezeichnung' dient dem Anwender zur besseren Verständlichkeit, hat aber datentechnisch keine Bedeutung. Mit dem Datenelement 'Spezifikation' wird der Inhalt des Datenblockes näher spezifiziert. Dabei kann es sich zum Beispiel bei der Übergabe einer Zeichnungsnummer um die Angabe eines Quadranten handeln. Die Zusatzdatenfelder enthalten weiter Informationen zu dem Objekt, das mit diesem Datenblock beschrieben wird.

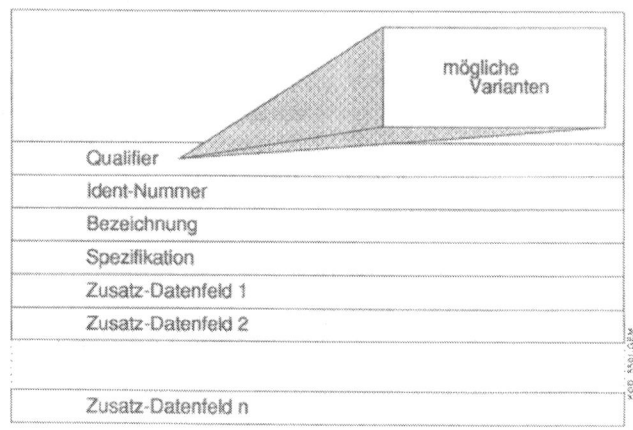

Bild 5.24: Das Grundmuster eines Qualitätsdatenblocks

Ein Verzeichnis der identifizierten Qualifier und Datenblöcke sowie der zugeordneten Datentypen ist in Anhang A-4 aufgeführt.

Zum besseren Verständnis wird die Bedeutung der Datenblöcke und die Verwendung der zugeordneten Qualifier im folgenden kurz beschrieben.

Aufbauend auf dem o.g. Grundmuster können mit dem Datenblock ORGANISATION alle die Organisation betreffenden Daten übergeben werden. Dies können zum Beispiel Prüfauftragsnummer oder Fertigungsauftragsnummer sein. Auch Wartungsplan- und Arbeitsplandaten sind mögliche Varianten. Ferner kann die Zeichnungsnummer mit Änderungsstand und Angabe eines Quadranten mit Hilfe dieses Datenblocks übermittelt werden.

In einer zweiten Ausprägungsform dient der Datenblock ORGANISATION zur Beschreibung und Identifizierung externer Institutionen wie "Hersteller", "Kunde", "Lieferer", "Spediteur" oder "Abnahmegesellschaft".

Mögliche Merkmale, die der Organisation zuzuordnen sind, wären Stückzahlen, Termine und Zeiten oder benötigte Mengen.

Der Datenblock PERSONAL beinhaltet alle wichtigen Daten wie Personalnummer, Name, Kostenstellennummer und Telefonnummer. Die über den Qualifier angezeigten möglichen Varianten weisen auf die Aufgabe eines Mitarbeiters im Unternehmen hin: Werker, Prüfer, Planer, Verantwortlicher etc.

Gerade für die Qualitätssicherung ist der Datenblock BETRIEBSMITTEL sehr wichtig. Hierunter fallen sämtliche Anlagen, Geräte und Einrichtungen, die der betrieblichen Leistungserstellung dienen. Dies können Maschinen, Vorrichtungen, Werkzeuge, Meisterteile, Transportmittel und selbstverständlich auch Prüfmittel sein, um nur einige zu nennen. Aber auch NC-Programme und Prüfprogramme gehören zu dieser Kategorie. Alle diese Varianten werden wieder über einen Qualifier unterschieden. Weitere Datenfelder sind, in Analogie zu den übrigen Datenblöcken: Ident-Nummer, Bezeichnung und Spezifikation. Hinzugefügt wurde noch die Kostenstellennummer, die den Ort angibt, aber auch der Kostenabrechnung dient. Mögliche Merkmale können zum Beispiel Drehzahl, Vorschubgeschwindigkeit, Kraft oder Temperatur sein.

Der nächste Datenblock ist METHODE/VERFAHREN. Dieser besteht aus den Grundmuster-Datenelementen Qualifier, Ident- Nummer, Bezeichnung und Spezifikation. Das Bearbeitungsverfahren oder die Prüfmethode stellen dabei zwei der möglichen Varianten dar.

Alle Teile und Gruppen, aber auch Rohstoffe, Werkstoffe und Halbzeuge, die in den Fertigungsprozeß einfließen, werden unter dem Oberbegriff EINGANGSPRODUKT zusammengefaßt. Das Datum Eingangsprodukt-Qualifier stellt wieder den Bezug der einzelnen Varianten zu der entsprechenden Datenbanktabelle her. Identifiziert werden die Eingangsprodukte über die Ident-Nummer. Die Bezeichnung dient dem Anwender zur besseren Verständlichkeit und die Spezifikation beschreibt das Eingangsprodukt näher. Wichtige Daten sind auch der Änderungsstand, die Seriennummer - zur eindeutigen Identifizierung des Individuums - und der Lagerort.

Die möglichen Merkmale eines Eingangsproduktes sind unter anderem die normalen Produktmerkmale wie Durchmesser, Länge, Ausgangsspannung etc.

Der Datenblock AUSGANGSPRODUKT ist genau analog zu den Eingangsprodukten strukturiert, denn das Ausgangsprodukt kann sowohl das gebrauchsfertige Gerät als auch das Eingangsprodukt eines nachgeschalteten Fertigungsauftrages sein (Bild 5.18).

Zu jedem der bisher aufgeführten sechs Datenblöcke können Merkmale und die entsprechenden Werte oder Beschreibungen übergeben werden. Für die Übermittlung der Merkmalsdaten steht der entsprechende Datenblock MERKMAL zur Verfügung. Auch hier finden sich wieder die vier Datenelemente Qualifier, Nummer, Bezeichnung und Spezifikation. Produktmerkmale, Prozeßparameter, Maschineneinstellungen, Testgrößen, Umgebungsbedingungen und allgemeine Organisationsmerkmale sind einige der verschiedenen Merkmalsvarianten. Das Spezifikations-Feld dient der Unterscheidung nach attributiven und variablen Merkmalen.

Eng verbunden mit dem Merkmal ist der Merkmalswert. Über einen Qualifier werden die verschiedenen Möglichkeiten unterschieden: Ergebniswert (Istwert), Sollwert, oberer Grenzwert (OGW), Toleranz etc. und statistische Begriffe wie Mittelwert, Standardabweichung und andere. Das Datum Zahlenwert beinhaltet nun den entsprechenden Wert; die Werte-Einheit gibt die Einheit dieses Zahlenwertes an. Der Werte-Datenblock dient der Übermittlung von Werten variabler Merkmale. Es muß aber auch die Möglichkeit bestehen, attributive Merkmalsausprägungen zu beschreiben. Zum einen, damit BDE- Ereignisse (z.b.: "Arbeitsfolge beendet") übermittelt werden können und zum anderen für die Erfassung von Fehlern, Ursachen und Maßnahmen bei der Qualitätsprüfung.

Diese Aufgabe übernimmt der Datenblock BESCHREIBUNG. Der Ereignis-Qualifier unterscheidet wieder die Varianten und verweist auf die verschiedenen Ereignis-Datenbank-Kataloge. Die Ereignisnummer dient als identifizierender Schlüssel für die möglichen Ereignistexte einer Variante. Ebenso verhält es sich mit Nummer und Text des Ereignisortes.

Aufbauend auf den Ergebnissen der Beleganalyse war es möglich, die Datenstrukturen zur Beschreibung der einzelnen Objekte so zu gestalten, daß mit durchaus einfachen Strukturen eine Vielzahl von Individuen innerhalb der Objekte identifizierbar und beschreibbar sind. So läßt sich beispielsweise mit der Datenstruktur des Objektes Organisation sowohl ein Arbeitsplan als auch ein Prüfplan oder ein Wartungsplan identifizieren und beschreiben. Ebenso kann unter dem Objekt Betriebsmittel sowohl die Bearbeitungsmaschine als auch eine Vorrichtung oder ein Prüfmittel verstanden und entsprechend identifiziert werden.

Wo immer es möglich war, wurde auf eine direkte Spezifizierung eines Datenelementes zugunsten einer indirekten Spezifizierung verzichtet (Hauptbegriff-Attribut-Beziehung). Dies erhöht zwar die Menge der zu übertragenden Datenelemente, erlaubt aber eine große Bandbreite der Beschreibungsmöglichkeiten. Die Übertragung von Ergebnissen aus Variablen-Prüfungen soll dies näher belegen.

Nach der Identifizierung von Objekt und Merkmal erfolgt die eigentliche Wertübergabe, die neben dem Wertinhalt auch eine Spezifikation zum Charakter des Wertes beinhaltet (Werteschlüssel). Das Ergebnis einer Maschinenfähigkeitsuntersuchung wird also in der Form Objekt-(Betriebsmittel)="Maschine (Nr.)"; Merkmal="Maschinenfähigkeit"; Wert="Zahl"+"Schlüssel (=c_{mk})" dargestellt. Analog können zu den Individuen der sechs verschiedenen Objektgruppen beliebige (sofern vorab definiert) Merkmale und Werte (Urwerte, Verhältnisangaben, statistische Werte) transferiert werden.

6 Anwendungsbeispiel

Die Entwicklung einer unternehmensweit einheitlichen Architektur der Datentypen und der daraus resultierende Aufbau strukturkompatibler, integrierter, zentraler oder dezentraler Datenbasen ist ein Unterfangen, das sicherlich mehrere Jahre in Anspruch nimmt. Unternehmen, die sich auf diesen mühevollen Weg begeben, tun dies häufig aus der Erkenntnis heraus, daß kurzfristige Lösungsansätze auch kurzsichtige sind und daß schnelle Lösungen schnell zu teuren Sackgassen werden können.

Dabei wird sich die Entwicklung einer datenorientierten Integration auch immer an den Gegebenheiten einer historisch gewachsenen EDV-Organisation orientieren müssen. Nur selten wird es möglich sein, mit einem einzigen Kraftakt die gesamte Datenorganisation des Unternehmens umzustellen. Häufig ist es sinnvoller, behutsam und an zuerst wenigen Punkten in die vorhandenen Strukturen in der Erwartung einzugreifen, daß als veraltet erkannte Organisationsformen mit der Zeit aufgrund ihrer Unfähigkeit zur Integration und der damit verbundenen zunehmenden Isolierung absterben.

Derartige Eingriffe können unter der Maßgabe, nur datenorientierte, offene Systeme zuzulassen, zwei Zielrichtungen haben; die einer Fernwirkung nach innen (in die vorhandenen Strukturen hinein) oder die einer Wirkung nach außen (schrittweise Umstrukturierung ausgehend von den zentralen Anwendungssystemen).

Das folgende Beispiel zeigt die Realisierung einer Schnittstelle für Erfassungsaufgaben in einem mittelständischen Unternehmen des Maschinenbaus. Das gesamte Leistungspotential dieser Schnittstelle wird in dieser ersten Version noch nicht von weiterverarbeitenden Systemen in Anspruch genommem. Auch ist der Dialogverkehr mit den Anwendern sicherlich noch weiter automatisierbar. Erste Anwendungen zeigen aber, daß nicht nur die heute noch inhomogene Protokollvielfalt der Erfassungsperipherie durch die Schnittstelle gänzlich substituiert werden kann, sondern daß auch zukünftige Forderungen einer ganzheitlichen Erfassung und Weitergabe von prozeßbeschreibenden Daten abgedeckt werden.

6.1 Implementierung der Schnittstelle für die Qualitätsdatenerfassung in einem mittleren Unternehmen des Maschinenbaus

Die Realisierung der dem Datenmodell zugehörigen Schnittstelle für Erfassungsaufgaben erfolgte in einem mittelständischen Industriebetrieb, der seit mehreren Jahren mit Unterstützung des WZL der RWTH Aachen und dem Fraunhofer-Institut für Produktionstechnologie eine intensive CIM-Entwicklung betreibt.

6.1.1 Rechnerintegrierte Produktion in einem repräsentativen mittelständischen Unternehmen

Das 1872 gegründete Unternehmen ist im Raum Mönchengladbach-Rheydt ansässig und beschäftigt etwa 1400 Mitarbeiter. Die Produktpalette umfaßt die Herstellung von Sicherungsanlagen für den Schienenbetrieb und den Straßenverkehr, Systeme für den modernen Fahrausweisverkauf, Abfertigungssysteme für Parkhäuser,

Schwimmbäder und Freizeitanlagen, sowie Systeme für den Verkauf von dünnflüssigen Mineralien, also Komponenten für die Tankstelle, von der unterirdischen Lagerung von Kraftstoffen über Zapfeinrichtungen bis zum Abrechnungscomputer im Tankwarthaus.

Seit etwa drei Jahrzehnten setzt die Firma EDV-Systeme ein, die sich in einer Reihe von Insellösungen ausgebildet hatten, von denen hier einige stellvertretend aufgezeigt werden sollen:

★ EDV-Anlage Siemens 7536 für die üblichen batchorientierten Programme der Stücklistenorganisation, Materialwirtschaft, Finanzbuchhaltung, Personalwirtschaft

★ NC-Programmierung mit dem Softwarepaket COMPACT von MDSI auf einem DEC-Rechner

★ EDV-Anlage HP 1000/E für DNC-Betrieb

★ Softwareentwicklung für die Eigenfertigung auf Intel-Entwicklungssystemen, verbunden durch den Intel-Network-Manager

Zwischenzeitlich hatte man erkannt, daß in den einzelnen Inseln Daten entstanden, die zur Weiterverarbeitung in anderen Systemen dringend benötigt wurden. Folglich wurden mit großem Aufwand erste Rechnerverbindungen mit langsamen Datenübertragungsraten realisiert.

Vor dem Hintergrund, daß der weltweite Wettbewerbsdruck Kostensenkungsmaßnahmen verlangte, die durch die alte Organisationsform nicht zu realisieren waren, sowie der gesammelten negativen Erfahrungen mit der Kopplung von Insellösungen, entschied man sich 1985 für den Start in ein Projekt zur integrierten Informationsverarbeitung. Der zentrale Gedanke dieses Projektes war die Schaffung einer Basis-Datenbank, auf die alle an der Auftragsabwicklung beteiligten Organisationsbereiche zugreifen sollen (Bild 6.1).

Diese Basis-Datenbank wird bestimmt durch Teile- und Stücklistenbegriffe sämtlicher in den Produktionsprozeß einbezogener Komponenten und bildet das Herzstück des Produktionsplanungs- und -steuerungssystems (IBM - COPICS), dessen wesentliche Module

★ Verwaltung der Basisdaten,
★ die Vertriebsorganisation mit der Verwaltung der Produktplanzahlen,
★ die bedarfs- und verbrauchsgesteuerte Disposition mit dem Lagerwesen,
★ die Werkstattauftrags- und Einkaufsabwicklung mit Wareneingang und Rechnungsprüfung,
★ die Kapazitätsterminierung und Fertigungssteuerung und
★ die Produktkalkulation und die Auftragsnachrechnung

sind.

Zusätzlich zu den oben erwähnten Softwaremodulen des PPS-Systems wurde für die mechanische Konstruktion das Software-Produkt CADAM eingesetzt. Für die elektrische Konstruktion ist seit 1987 das verträgliche

Anwendungsbeispiel

Produkt IPC des Herstellers CADAM Inc. im Einsatz. Ein wesentlicher Rationalisierungseffekt ergibt sich aus dem hohen Integrationsgrad der beiden CAD-Systeme, denn CADAM und IPC haben eine gemeinsame Bedieneroberfläche und greifen auf gemeinsame Resourcen, wie zum Beispiel Programm-Module und Datenbasen, zu.

Auch der bidirektionale Datenaustausch zwischen den CAD- Systemen und COPICS wurde ermöglicht. So liefert zum einen das CAD-System Teilestamm- und Stücklistendaten an das COPICS-Modul BOM (Bill of Material) und zum anderen übergibt BOM bei generellen Änderungen die Änderungsdaten an CADAM.

Aufbauend auf den vorhandenen Rechnerstrukturen hat das Unternehmen die Betriebsdatenerfassung konzipiert und für die Einführung einen Stufenplan festgelegt. Dieses Projekt orientierte sich in erster Linie am Fertigungsauftrag, daß heißt fertigungssteuerungsrelevante Daten, wie Auftragsstatus, Zeiten, Mengen werden erfaßt und unverzüglich in kleinen Regelkreisen ausgewertet.

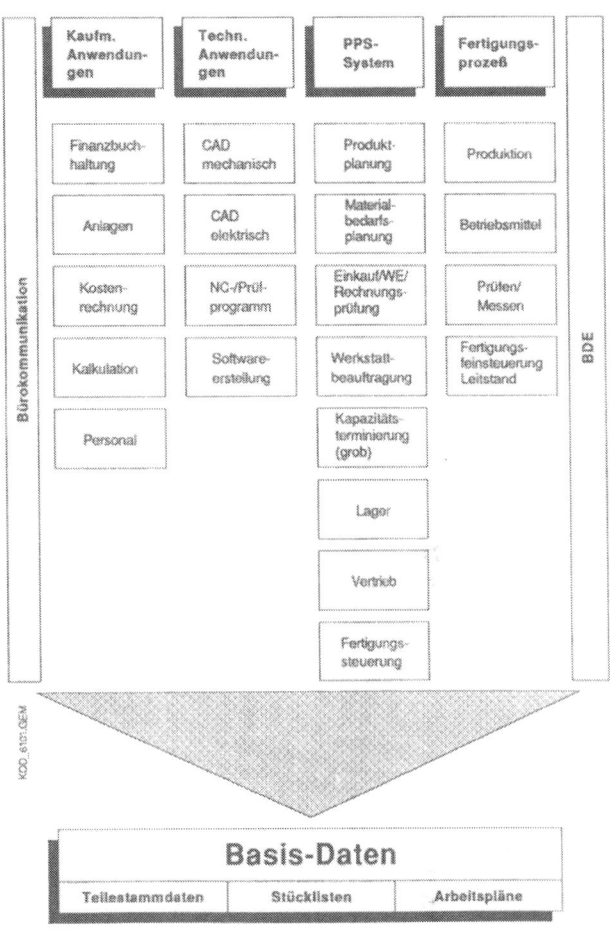

Bild 6.1: Integrierte Informationsverarbeitung über eine gemeinsame Datenbank

Im Jahre 1988 wurde mit Unterstützung des Landes Nordrhein-Westfalen über das Technologie-Programm Zukunft das Teilprojekt 'Prüfen und Messen' in Angriff genommen, welches die Konzeptionierung und Realisierung eines CAQ-Systems zum Inhalt hat. Da bisher kein CAQ-Baustein die hohe Fertigungstiefe bei gleichzeitig geringen Stückzahlen berücksichtigt, entschloß man sich, ein eigenes CAQ-System zu entwickeln.

Der bisher erreichte Stand der Integration stützt sich auf die in Bild 6.2 skizzierte Rechner- und Netzwerkstruktur.

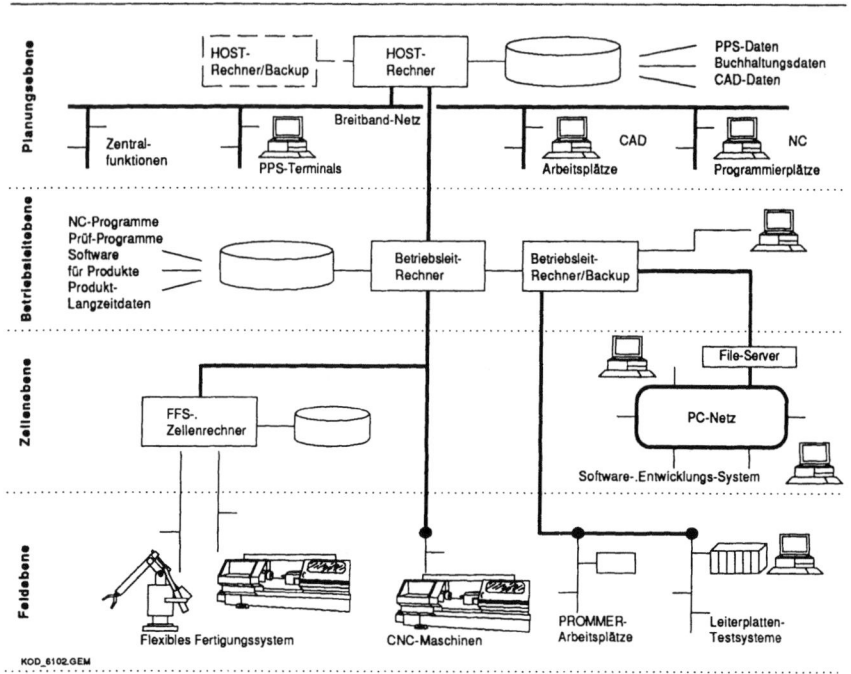

Bild 6.2: Rechnerhierarchie und Datennetz

6.1.2 Aufbau einer Protokollorganisation

Die dargestellte Schnittstellenstruktur muß für eine konkrete Anwendung noch mit einem Protokoll versehen werden, das den sendenden und empfangenden Systemen Information zum Status, Kontext und zur verwaltungstechnischen Bedeutung der einzelnen Datenblöcke vermittelt. Die Gestaltung eines solchen Protokolls ist von der jeweiligen Hardware- und Softwareumgebung abhängig und kann, ohne daß die Datentypen in der Schnittstelle eine inhaltliche Veränderung erfahren, auf die spezifischen Kommunikationsforderungen der eingesetzten EDV-Systeme hin optimiert werden. In diesem Beispiel organisiert das Protokoll Angaben, die Status- und Syntaxinformationen beinhalten.

Jedem der sechs Datenblöcke (Organisation, Personal, Betriebsmittel, Methode/Verfahren, Eingangsprodukt und Ausgangsprodukte) müssen Merkmale mit entsprechenden Werten bzw. Beschreibungen zugeordnet

Anwendungsbeispiel

werden können. Die Schnittstellen-Software muß diesen Datenfluß nun derart verwalten, daß die Eindeutigkeit dieser Zuordnung immer sichergestellt ist.

Außerdem muß die Schnittstellen-Software erkennen, welcher Datenblock übertragen wird. Beide Bedingungen werden mit Steuer-Codes, die am Anfang jedes Datenblockes stehen, realisiert.

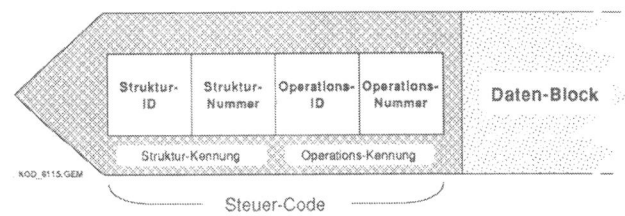

Bild 6.3: Der Steuer-Code

Der hier verwendete Steuer-Code ist aus vier Datenelementen aufgebaut (Bild 6.3):

* Struktur-ID,
* Struktur-Nummer,
* Operations-ID und
* Operations-Nummer.

Die Struktur-ID dient der Unterscheidung der verschiedenen Datenblöcke. Dabei wurde folgende Vereinbarung getroffen:

Struktur-ID	Datenblock
O	Organisation
P	Personal
B	Betriebsmittel
V	Methode/Verfahren
E	Eingangsprodukt
A	Ausgangsprodukt
M	Merkmal
W	Wert
T	Beschreibung

Die einzelnen Datenblöcke einer Klasse werden durch eine Struktur-Nummer fortlaufend durchnumeriert.

Für die Handhabung der Datenblöcke ist die Operations-ID zuständig. Folgende Operationen sind zulässig:

Operations-ID	Operation
D	Definition des Datenblockes
W	Wertübergabe, diesen Datenblock betreffend
R	Redefinition eines Datenblockes
A	Ändern eines Datenfeldes eines Datenblockes
L	Löschen des Datenblockes

Die Operations-Nummer wird verwendet bei der Operation 'A' (Ändern eines Datenblockes), um anzuzeigen, welches Datenfeld geändert werden soll. Ein Beispiel für einen Steuer-Code zeigt Bild 6.4.

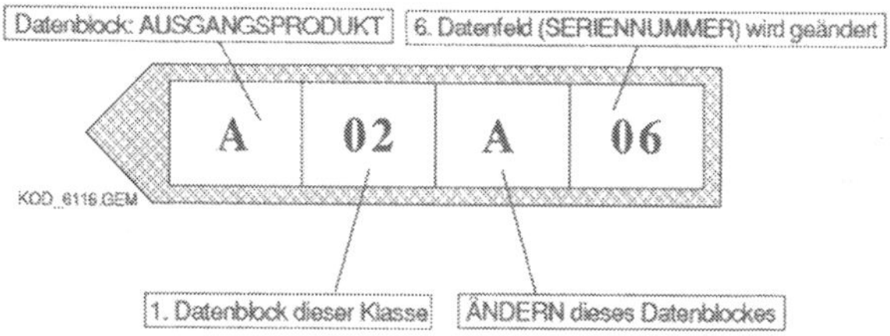

Durch die so definierten Steuer-Codes wird der Datenfluß kontextabhängig geleitet (Referenz-Prinzip).

Bild 6.4:   Beispiel eines Steuer-Codes

6.1.3 Exemplarische Implementation

Die hohe Flexibilität der Qualitätsdaten-Schnittstelle, die vor allem durch den erweiterten Merkmalsbegriff erreicht wird, erlaubt einen vielfältigen Einsatz in der rechnerintegrierten Produktion. Einerseits ist diese Schnittstelle als Transfermedium für die Systeme der Betriebsdaten- und Maschinendatenerfassung zu verwenden, vor allem aber für den Einsatz in der Prüfdatenerfassung. Doch auch über die Grenzen der operativen Ebene hinaus lassen sich sinnvolle Einsatzmöglichkeiten aufzeigen. Als Beispiel sei hier eine solche Schnittstelle als Verbindung zwischen Betriebsleitebene und Planungsebene erwähnt, über die verdichtete Qualitätsdaten transferiert werden können. Ein weiteres Beispiel für eine Anwendung einer derartigen Schnittstelle ist im unternehmensweiten Informationsaustausch zu sehen; vor allem in der Automobilindustrie ist der Trend zu erkennen, daß der Nachweis über die Qualität der Produkte immer mehr den Zulieferfirmen übertragen wird.

Das im Rahmen dieser Arbeit erstellte Programm wurde für den Einsatz in der Qualitätsprüfung konzipiert. Es dient als Erfassungsorgan für die Prüfdaten, unterstützt aber auch die Betriebsdaten- und Maschinendatenerfassung. Erstellt wurde die Software auf einer HP 9000 mit dem Betriebssystem UNIX in der Programmiersprache C.

6.1.3.1 Einlesen der Auftragsdaten

Nach Aufruf des Programms erscheint als erstes das Menübild mit der Aufforderung zur Eingabe einer Werkstattauftragsnummer, die den zu bearbeitenden Prüfauftrag identifiziert.

Die Eingabe der zehnstelligen Auftragsnummer erfolgt mit Hilfe der Zifferntasten und der Backspace-Taste und muß anschließend mit der <RETURN>-Taste abgeschlossen werden. Mit <ESC> wird das Programm beendet.

Liegt ein Auftrag zu dieser Auftragsnummer vor, so erfolgt das Einlesen der Auftragsdaten. Bei einer falsch eingegebenen Auftragsnummer, wird eine Fehlermeldung in der unteren Bildschirmzeile ausgegeben, die mit der <RETURN>-Taste bestätigt werden muß.

Die Auftragsdaten sind hierarchisch strukturiert. Zuerst werden die Auftragskopfdaten eingelesen, danach die Auftragszeichnungsdaten und die Auftragstextdaten. Es folgt das Einlesen der Afo/Pfo-Kopfdaten und der Daten, der an diesem Arbeitsvorgang beteiligten Betriebsmittel, sowie der Materialkomponenten. Mit dem Laden der Arbeitsfolgetextdaten und der Afo/Pfo-Schrittdaten wird dieser Ladevorgang abgeschlossen. Dabei können entsprechend Bild 6.5 die einzelnen Datenblöcke, mit Ausnahme der Auftragskopfdaten, mehrfach auftauchen. Im nächsten Schritt werden diese Auftragsdaten dann entsprechend der neuentwickelten Qualitätsdatenstruktur umstrukturiert. Dabei werden zwei Datenblöcke 'Organisation' gebildet, die jeweils die Auftragsidentifikation und die Arbeitsplanidentifikation nebst Änderungsstand und Auftragsart beinhalten. Auch die Zeichnungsdaten wie Zeichnungsnummer, Spezifikation und Änderungsstand werden in Organisations-Datenblöcken zusammengefaßt. Betriebsmittelnummer, Betriebsmittelname, Betriebsmittelspezifikation und Kostenstellennummer gehören in den Datenblock 'Betriebsmittel'. Die identifizierenden Daten der Materialkomponenten werden in die Eingangsprodukt-Datenblöcke kopiert.

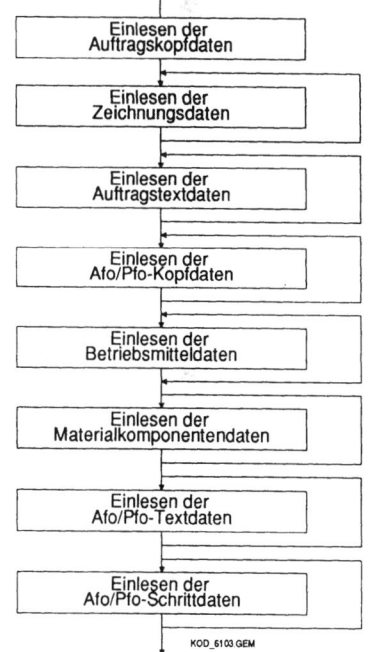

Bild 6.5: Einlesen der Auftragsdaten

Ein zusätzlicher Datenblock 'Ausgangsprodukt' enthält schließlich die Artikelnummer, die Artikelbeschreibung und den Änderungsstand (Bild 6.6).

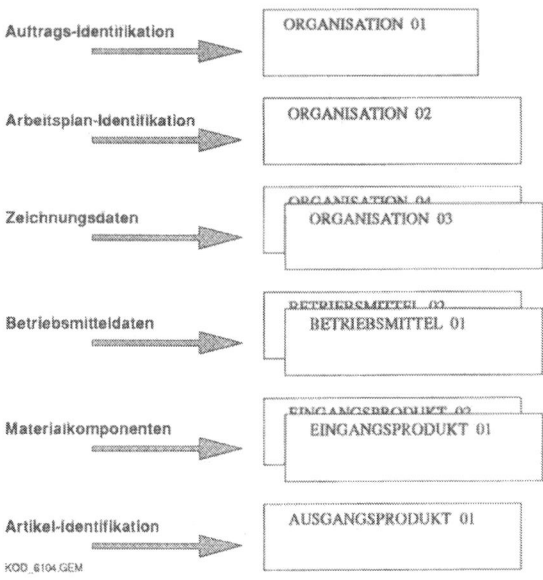

Bild 6.6:   Strukturieren der Auftragsdaten

6.1.3.2   Generieren fertigungsbegleitender Meldungen

Nach der korrekten Eingabe der Auftragsnummer und dem Einlesen und Strukturieren der Auftragsdaten erscheint folgende Auswahlmaske (Bild 6.7):

Mit den Funktiontasten F1 bis F5 können die Funktionen BDE, MDE, QDE sowie Ändern und Sichern angewählt werden. Mit der <ESC>- Taste wird das übergeordnete Menü wieder erreicht.

Die BDE-Funktion ermöglicht die Generierung einer Betriebsdatenerfassungsmeldung. Bei Auswahl dieser Funktion können Merkmale zu den Organisationsblöcken wie Stückzahlen übergeben werden. Dazu stehen dem Anwender wieder eine Reihe von organisatorischen Merkmalen zur Verfügung, die aus einer entsprechenden Tabelle eingelesen werden. Die Anwahl der unterschiedlichen Merkmale geschieht auch hier über die Funktionstasten.

Anwendungsbeispiel 125

Bei Wahl der wertebezogenen Funktionstasten <F1> - <F3> muß der Merkmalswert eingegeben werden. Dazu werden die Daten des Werte- Blockes auf dem Bildschirm angezeigt (Bild 6.8).

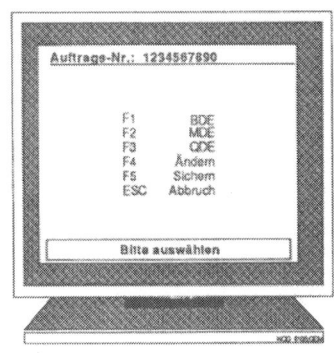

Die Wahl des organisatorischen Merkmals 'Afo-- Ereignis' (durch Drükken der Funktionstaste <F4>) verlangt die Eingabe einer Beschreibung. Die unterschiedlichen Arbeitsfolgenereignisse sind dabei in einer weiteren Daten-Tabelle vordefiniert. Diese Daten werden eingelesen und am Bildschirm angezeigt (Bild 6.9). Bei Anwahl eines dieser Ereignisse wird der BDE-- Meldung ein Beschreibungs-Datenblock hinzugefügt.

Bild 6.7: Menümaske zur Auswahl der Hauptfunktionen

Bild 6.8: Bildschirmmaske zur Eingabe eines organisatorischen Merkmalswertes

Hatte man bei der Auswahl der Hauptfunktionen die MDE-- Funktion gewählt, so besteht die Möglichkeit, Betriebsmittelmerkmale und die entsprechenden Werte einzugeben. Auch hier hilft bei der Auswahl der Merkmale ein Auswahlmenü (Bild 6.10).

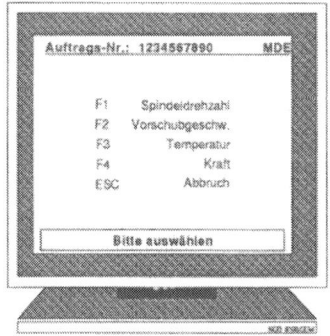

Die Merkmale zu den Betriebsmitteln werden wieder aus einer entsprechenden Tabelle eingelesen und auf dem Bildschirm angezeigt.

Bild 6.9: Menümaske zur Auswahl einer organisatorischen Merkmalsbeschreibung

Bild 6.10: Menümaske zur Auswahl der Betriebsmittel-Merkmale

Anschließend folgt, ganz analog zu der BDE-Meldung, die Aufforderung zur Eingabe des Merkmalwertes bzw. der Merkmalsbeschreibung.

Ähnlich aufgebaut wie die ersten beiden Funktionen 'Generieren einer BDE-Meldung' und 'Generieren einer MDE-Meldung' ist auch die dritte Funktion 'Generieren einer QDE--Meldung'. Diese Funktion wird angewählt durch Drücken der <F3>-Taste beim Funktions- Auswahl-Menü. Die Merkmale, die nun zu dem Ausgangsprodukt dieses Auftrages übergeben werden können, werden wieder auf dem Bildschirm dargestellt und müssen mittels der Funktionstasten angewählt werden. Bei den angezeigten Merkmalen handelt es sich dabei um die Merkmale, die in den Schrittdaten der eingelesen Auftragsdaten enhalten sind (Bild 6.11).

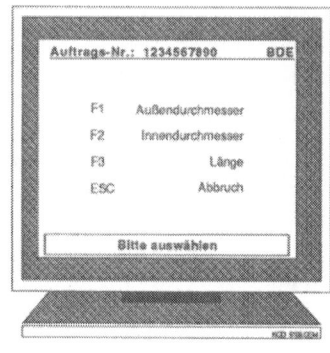

Bild 6.11: Menümaske zur Auswahl eines Ausgangsproduktmerkmals

Hat man das entsprechende Merkmal angewählt, so kann der Bediener anschließend über die Funktionstasten den gewünschten Wert (Ergebniswert, Mittelwert, Standardabweichung) auswählen. Nun werden die Inhalte der Werte-Datenblockfelder auf dem Bildschirm angezeigt, und der Prüfer muß den gemessenen Wert eingeben. Nach Beendigung dieser Zahlenwert-Eingabe mit der <RETURN>-Taste, kann direkt der nächste Wert eingegeben werden (Bild 6.12).

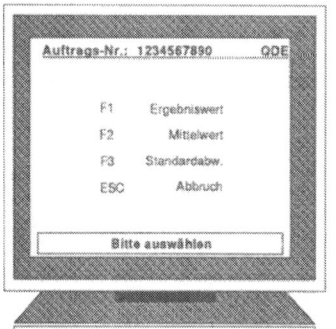

Die Funktion 'Ändern' des Hauptmenüs gestattet das Ändern und Löschen der Definitionsblöcke. Diese Funktion ist notwendig, um Änderungen der Auftragsdaten zu erfassen. Wenn zum Beispiel ein Betriebsmittel vom PPS-System für diesen Auftrag ausgewählt wurde, das sich als defekt erweist und dann der Auftrag auf ein anderes Betriebsmittel umgelenkt wird, müssen die Daten des neuen Betriebsmittels eingegeben werden.

Bild 6.12: Menümaske zur Auswahl der verschiedenen Merkmalswerte

Nach Erscheinen der Auswahlmaske (Bild 6.13) werden die einzelnen Datenblöcke des Definitionsblockes am Bildschirm ausgegeben, und der Bediener wird aufgefordert, über die Funktionstasten auszuwählen, ob er diesen Datenblock ändern oder löschen will. Die Ausgabe der Datenfeldinhalte des nächsten definierten Datenblockes geschieht nach Drücken der <F3>-Taste. Mit <ESC> wird dieser Änderungsvorgang abgebrochen, und es erscheint wieder das Funktionen-Auswahl--Menübild.

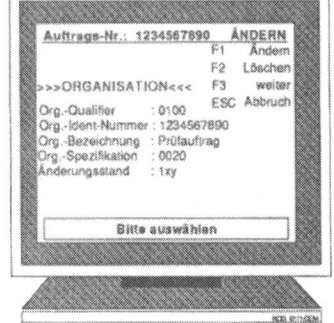

Bild 6.13: Bildschirmmaske zum Ändern der Definitionsdatenblöcke

Anwendungsbeispiel 127

Das Abschicken der mit den Funktionen BDE, MDE, QDE sowie Ändern erzeugten fertigungsbegleitenden Meldung erfolgt mit der Funktion 'Sichern'. Dabei werden die einzelnen Datenblöcke und die entsprechenden Steuercodes in der Reihenfolge ihrer Entstehung abgespeichert.

Bild 6.14 zeigt die gesamte Menüstruktur des Schnittstellenprogramms.

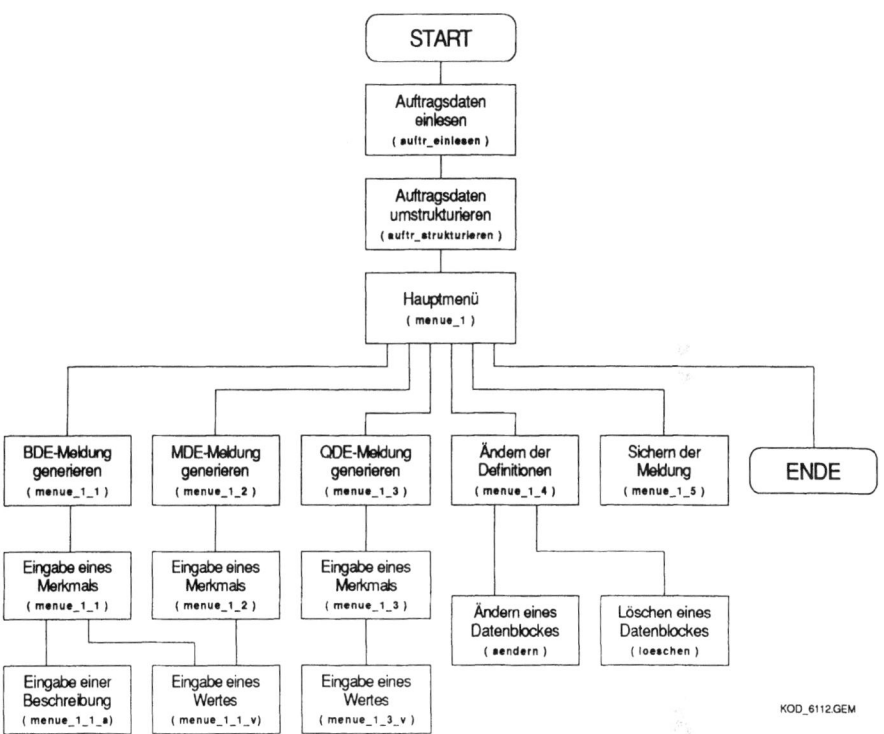

Bild 6.14:   Menüstruktur des Programms zur Unterstützung von QDES-E

Bei dem derzeitigen Status der Implementation kann die Dialogsteuerung noch ausschließlich über Funktionstasten erfolgen. Da aber alle Auswahlkriterien als Tabellen in der Schnittstelle hinterlegt sind, wird der nächste Entwicklungsschritt im Aufbau einer Fenstertechnik bestehen. Damit ist es dann möglich, zu einem Fertigungs- oder Prüfauftrag die an der entsprechenden Kostenstelle (=Arbeitsplatz = Prozeß) bekannten bzw. erwarteten Betriebsmittel-, Erzeugnis- oder Organisationsfehler zusammen mit Vorschlägen für potentielle Ursachen und zu ergreifende Maßnahmen an den Arbeitsplatzrechner in Form von Tabellen zu geben. Bei einem homogenen Auftragsspektrum können diese Daten auch permanent auf dem Arbeitsplatz gehalten werden, während die Aktualität der Daten durch einen periodischen Abgleich mit den Datenbeständen des Großrechners sichergestellt wird.

6.1.4 Inbetriebnahme und Test

Die Inbetriebnahme und der Test dieser Schnittstelle erfolgte anhand lebender Betriebsdaten und unter den Bedingungen des alltäglichen Fertigungs- und Prüfbetriebes. In einem Bypass wurde die Schnittstellen-Software auf dem Betriebsleitrechner (HP9000) installiert. Ein Terminal an einem Arbeitsplatz der Elektroprüfabteilung, das über ein Breitbandnetz mit dem Betriebsleitrechner verbunden ist, diente als Eingabegerät (Bild 6.15).

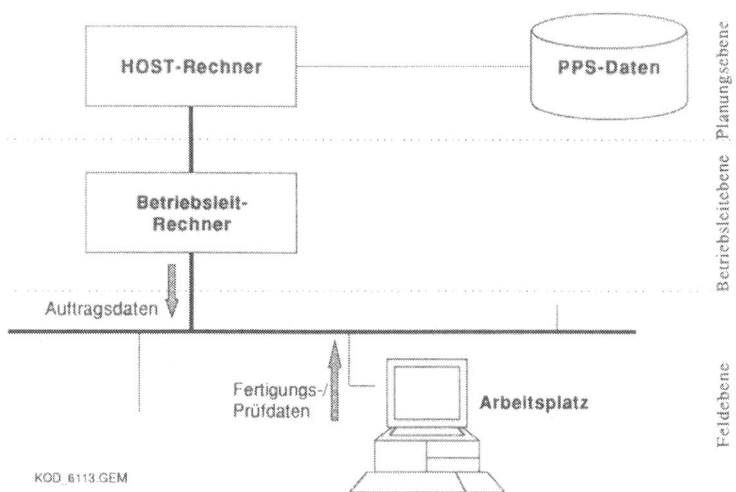

Bild 6.15: Hardwarekonfiguration

Als Grundlage für den Test der Schnittstellen-Software dienten die Auftragsdaten für die Prüfung einer Leiterplatine. Dabei handelte es sich um eine Reduzierbaugruppe, die eine angelegte Eingangsspannung von 33-42 V auf eine Ausgangsspannung von 24 V reduziert.

Die Auftragsdaten beinhalteten dabei die Auftrags- und Arbeitsplanidentifikation sowie die Zeichnungsdaten des Schaltplans und des Leiterplatten-Layouts. Als Betriebsmittel waren eine Prüfvorrichtung, ein Konstanter sowie ein Voltmeter angegeben. Das zu überprüfende Merkmal war die Ausgangsspannung mit einem Sollwert von 24 V. Nach Starten des Programms erfolgte die Eingabe der Auftragsnummer. Zu Testzwecken wurde schon jetzt die Funktion 'Sichern' gewählt, um zu überprüfen, ob die Auftragsdaten richtig eingelesen und umstrukturiert worden waren. Den so generierten Definitionsblock zeigt Bild 6.16.

Nun wurde die Funktion 'Ändern' angewählt, da nicht das in den Auftragsdaten angegebene Universalvoltmeter, sondern ein Digitalvoltmeter verwendet werden sollte. Anschließend wurde über die QDE-Funktion das Merkmal 'Ausgangsspannung' angewählt und die geprüften Spannungswerte wurden als Ergebniswerte eingeben. Nach zwanzig geprüften Leiterplatinen wurde dann die Meldung gesichert.

Anwendungsbeispiel 129

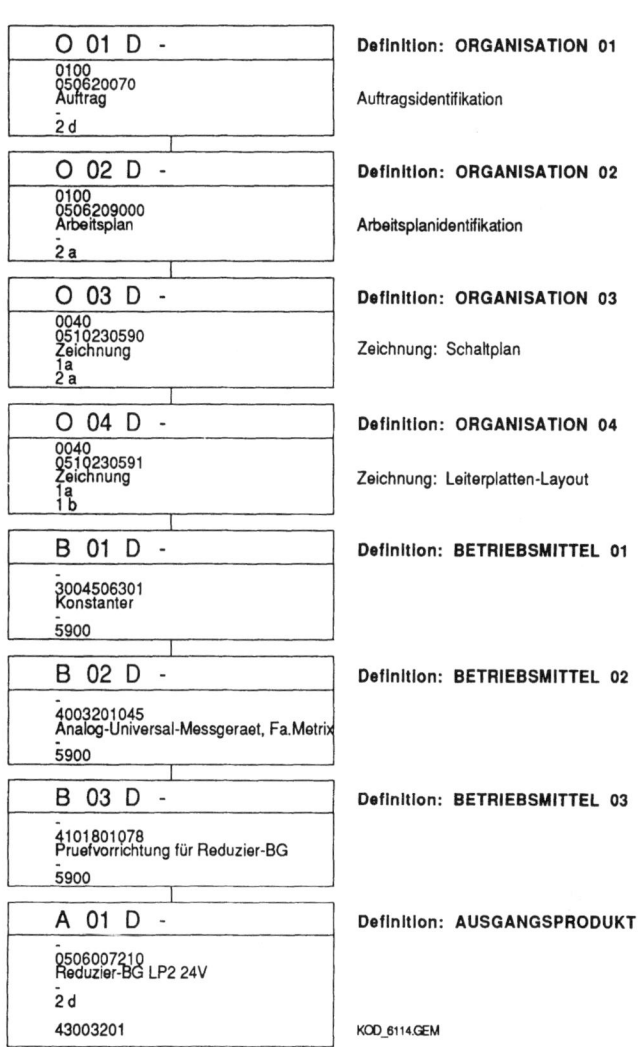

Bild 6.16: Definitionsblock des Prüfauftrages

Die Daten dieses Prüfauftrages lagen in der geforderten Struktur vor und konnten nun nachgeschalteten Auswerte-Systemen zugeführt werden.

Auch die anderen Funktionen des Programms - Generieren einer BDE- Meldung und Generieren einer MDE-Meldung - zeigten den gewünschten Erfolg, wobei diese Meldungen ebenfalls den Anforderungen entsprechend korrekt strukturiert waren.

7 Zusammenfassung und Ausblick

Im Leistungsdreieck Kosten-Zeit-Qualität nimmt die Qualität einen zunehmend hohen Stellenwert ein. Die verschärfte Rechtsprechung zur Produzentenhaftung und die gestiegenen Erwartungen der Kunden an die Qualität eines Produktes erfordern den Einsatz von qualitätssichernden Maßnahmen bereits in den Produktentstehungsphasen vor Fertigungsbeginn, denn nur dann können die konstruktiven Merkmale des Produkts und der Fertigungsprozeß nachhaltig und kostengünstig beeinflußt werden. Dabei kommt der ebenen- und bereichsübergreifenden Bereitstellung von Qualitätsinformationen eine wichtige Aufgabe zu.

Wichtige Voraussetzung für den effizienten Einsatz der Methoden der präventiven Qualitätssicherung ist aufgrund des hohen Informationsbedarfes deren Integration in den betrieblichen Informationsfluß.

Der Informationsaustausch zwischen den verschiedenen Anwendungssystemen kann aufgrund der großen zeitlichen Entkopplung zwischen planenden, feststellenden und analytischen Tätigkeiten nur über eine gemeinsam verfügbare Qualitätsdatenbasis erfolgen. Die Leistungsfähigkeit der Datenbasis hängt entscheidend von den Eigenschaften des zugrunde liegenden Datenmodells ab. Für den Entwurf des konzeptionellen (oder auch des logischen) Datenmodells bieten sich prinzipiell der Modellierungs- und der Konstruktionsansatz an. Um der Gefahr zu begegnen, die heute in den Unternehmen vorherrschenden unflexiblen funktionsorientierten Datenhaltungskonzepte in einem Datenmodell abzubilden, wurde im Rahmen dieser Arbeit der Modellierungsansatz verworfen und der Konstruktionsansatz angewandt.

Bei der Konstruktion von logischen Datenstrukturen für qualitätsrelevante Daten, die unabhängig von betrieblichen Anwendungen und Funktionen, d.h. allein aus der Beschaffenheit der Objekte der realen Welt heraus existieren, nimmt der Begriff des Merkmals eine zentrale Rolle ein. Es zeigte sich, daß beliebig komplexe Datenstrukturen mit den beiden Grundelementen "Merkmal" und "Beziehung zwischen zwei Merkmalen" darstellbar sind. Darauf aufbauend wurde ein merkmalsbezogenes Qualitätsdatenmodell entwickelt. Die Grundstruktur des Qualitätsdatenmodells setzt sich zusammen aus dem Produktdatenmodell, dem Produktionsdatenmodell und der Schnittstelle zur Rückführung von Daten aus den operativen Bereichen. Dabei wurde diese Schnittstelle speziell für Daten der operativen Ebene ausgelegt, die für eine langfristige Auswertung und zur Schließung von bereichs- und abteilungsübergreifenden Qualitätsregelkreisen benötigt werden. Wichtigste Forderung an die Schnittstelle war eine hohe Flexibilität, die die Übertragung der unterschiedlichsten qualitätsrelevanten Daten ermöglicht. Auch die Anbindung weiterer in Zukunft sich als relevant erweisenden Daten sollte schon im Konzept vergesehen sein.

Das Produktdatenmodell enthält alle qualitätsrelevanten unternehmensinternen und -externen produktspezifischen Merkmale und deren Beziehungen, die im Produktlebenszyklus vom Marketing über die Produktion und Auslieferung bis zum Ablauf der Produktverantwortung anfallen.

Das Produktionsdatenmodell beschreibt die Fähigkeit des Unternehmens, geforderte Merkmale zu realisieren und repräsentiert somit einen großen Teil des Unternehmenspotentials. Gefüllt wird das Produktionsdatenmodell mit den Daten bereits realisierter Merkmale (Historie-Daten).

Zusammenfassung und Ausblick

Der Aufbau einer derartigen Historie erfordert einen erweiterten Merkmalsbegriff, der es erlaubt, zu jedem der am Fertigungs- und Prüfprozeß beteiligten qualitätsbeeinflussenden Faktoren, wie Organisation, Personal, Betriebsmittel, Methode/Verfahren und Eingangsprodukt, ein Merkmal mit entsprechendem Merkmalswert zu übergeben. Damit erreicht die Qualitätsdaten-Schnittstelle eine Flexibilität, die ihren Einsatz nicht nur in der Prüfdatenerfassung ermöglicht, sondern sie auch zu einem geeigneten Transfermedium für Meldungen der Betriebsdaten- und Maschinendatenerfassung macht.

Nachfolgend wurde die Übertragbarkeit der Konstruktionselemente des Produkt- und des Produktionsdatenmodells in das relationale Datenbankmodell nachgewiesen.

Damit die im Unternehmen vorhandenen Ressourcen auf die wichtigen Merkmale konzentriert werden können, ist es erforderlich, die Vielzahl der Merkmale ihrer Bedeutung nach zu gewichten. Die Einstufung eines Merkmals als wichtig muß sich dabei eng am Anforderungsprofil des Kunden orientieren. Daher wurde im Rahmen dieser Arbeit eine Gewichtungsfunktion entwickelt, die es gestattet, die Bedeutung eines Produkt- oder eines Prozeßmerkmals für die Erfüllung der übergeordneten Kundenanforderung zu ermitteln. Weiterhin wurde eine Methode zur Abschätzung der Fehlerquote am Endprodukt beschrieben.

Die Leistungsfähigkeit und die Praxisnähe der entwickelten Datenstrukturen wurde durch eine Gegenüberstellung mit dem Informationsbedarf des Quality Function Deployment (QFD) aufgezeigt.

8 Verzeichnisse

8.1 Verzeichnis der verwendeten Abkürzungen und Formelzeichen

<__>	Zeichen für Funktions- und Steuertasten
Afo	Arbeitsfolge
AIIV	Atlas der innerbertrieblichen Informationsverarbeitung
AMH	Automatisiertes Handhabungssystem
ANSI	American National Standards Institute
APS	Advanced Production Systems
AQL	Acceptable Quality Level
ASC-X12	Accredited Standard Committee X12 for Electronic Business Data Interchange
ASI	American Supplier Institute
AWF	Ausschuß für wirtschaftliche Fertigung e.V.
BDE	Betriebsdatenerfassung
BM	Betriebsmittel
BOM	Bill of Materials
CAD	Computer Aided Design
CADAM	Computer Aided Design and Machining
CAM	Computer Aided Manufacturing
CAO	Computer Aided Office
CAP	Computer Aided Planning
CAQ	Computer Aided Quality Assurance
CAx	Computer Aided .....
CIM	Computer Integrated Manufacturing
CNC	Computerized Numerical Control
CODASYL	Conference on Data System Languages
COPICS	Communication Oriented Production Information and Control System
C_p	Prozeßfähigkeitsindex
C_{pk}	korrigierter Prozeßfähigkeitsindex
CPU	Central Processing Unit
D	Fehlerdurchschlupfwahrscheinlichkeit
DEC	Digital Equipment Corporation
DEMOS	Design and Modelling System
DFÜ	Datenfernübertragung
DGQ	Deutsche Gesellschaft für Qualität e.V.
DIN	Deutsches Institut für Normung e.V.; Berlin
DNC	Distributed Numerical Control
DOE	Design of Experiments (statistische Versuchsplanung)
dpm	defects per million
DV	Datenverarbeitung
E	Entdeckungswahrscheinlichkeit
e.V.	eingetragener Verein
EDI	Electronic Data Interchange
EDIFACT	Electronic Data Interchange for Administration, Commerce and Transport
EDV	Elektronische Datenverarbeitung
EVA	Eingeben, Verarbeiten, Ausgeben; Prinzip der transaktionsorientierten Datenverarbeitung
F	Fehlerwahrscheinlichkeit
FBA	Fehlerbaumanalyse
FFS	Flexibles Fertigungssystem
FFZ	Flexibles Fertigungszentrum
FMEA	Failure Mode and Effects Analysis (Fehler Möglichkeits- und Einflußanalyse)
FTS	Flexibles Transportsystem
g	Gewichtungsfaktor
G	Gewichtungsmatrix

Verzeichnisse

GEKO	Gestaltung von Konstruktionselementen
GmbH	Gesellschaft mit beschränkter Haftung
HIPO	Hierarchy Input-Process-Output
HP	Hewlett Packard
i.O./n.i.O.	in Ordnung / nicht in Ordnung
IBM	International Business Machines
IEC	Internationale Eletrotechnische Kommission
IEEE	Institute of Electrical and electronics Engineers
IPO	Input-Process-Output
IR	Industrieroboter
ISO	International Organization for Standardization
K-FMEA	Konstruktions - Fehler Möglichkeiten und Einfluß Analyse
KCIM	Kommission Computer Integrated Manufacturing
KW	Kundenwunsch
LAN	Local Area Network
M	Merkmal
m,n	Indizes
MDE	Maschinendatenerfassung
MFU	Maschinenfähigkeitsuntersuchung
N	Ebenenkennung
NBü	Normenausschuß Bürowesen
NC	Numerical Control
NOAC	Next Operation as Customer
OEG	obere Eingriffsgrenze
OGW	oberer Grenzwert
OSG	obere Spezifikationsgrenze
P	Summenfunktion der Normalverteilung
P-FMEA	Prozeß - Fehler Möglichkeiten und Einfluß Analyse
PC	Personal Computer
PCM	Parts Count Method
PDCA	Plan, Do, Check, Act
Pfo	Prüffolge
PFU	Prozeßfähigkeitsuntersuchung
PKW	Personen-Kraftwagen
ppm	parts per million
PPS	Produktionsplanung und -steuerung
PSDM	Product Structure and Data Model
Q	Qualifier
Q-Loss	Funktion der Qualitätsverluste
QB	Qualitätsbewertung
QDE	Qualitätsdaten-Erfassung
QDES	Quality Data Exchange Specification
QDM	Quality Data Managment
QFD	Quality Function Deployment
QS	Qualitätssicherung
QUAPS-N	Qualitätsprüfungs-System auf der Basis vernetzter Personal Computer
R	Realisierungswahrscheinlichkeit
RPZ	Risikoprioritätszahl
RWTH	Rheinisch-Westfälische Technische Hochschule, Aachen
S	Standardabweichung
SA	Structured Analysis
SADT	Structured Analysis and Design Technique
SPC	Statistical Proces Control (Statistische Prozeßregelung)
SPS	Speicherprogrammierbare Steuerung
T	Toleranzfeldbreite

TQM	Total Quality Management
UEG	untere Eingriffsgrenze
UGW	unterer Grenzwert
USA	United States of America
USG	untere Spezifikationsgrenze
VC	Schnittgeschwindigkeit
VDA	Verband der Automobilindustrie e.V.
VDE	Verband Deutscher Elektrotechniker
VDI	Verein Deutscher Ingenieure e.V.
WE	Wareneingang
WZL	Laboratorium für Werkzeugmaschinen und Betriebslehre
z.B.	zum Beispiel
z.Zt.	zur Zeit
ZVEI	Zentralverband der Elektrotechnischen Industrie

8.2 Verzeichnis der Bilder

Bild 1.1:	Maschinenausfuhr ausgewählter Länder	1
Bild 1.2:	Entwicklungen in den Abnehmer- Zulieferindustrien	2
Bild 1.3:	Leistungsteigerung durch rechnerintegrierte Fabrikautomatisierung	3
Bild 1.4:	Struktur des Informationsflusses in der Produktion (nach: KCIM)	5
Bild 2.1:	Qualitätstechniken und erreichbares Qualitätsniveau.	8
Bild 3.1:	Bildung funktionaler Blöcke für die CAQ-Anwendung	16
Bild 3.2:	Basisfunktionen eines CAQ-Systems	17
Bild 3.3:	Automatisierung bei der Prüfplanerstellung	18
Bild 3.4:	"AQUA"-Anwendung bei der Robert Bosch GmbH, Werk Feuerbach	22
Bild 3.5:	Leitrechnereinsatz in der Qualitätssicherung am Beispiel "moQuiss"	23
Bild 3.6:	Vernetzte PC in der Qualitätssicherung am Beispiel QUAPS-N	24
Bild 3.7:	Notwendigkeit flexibler Produktionstechnik	25
Bild 3.8:	Funktionen, Informations- und Materialfluß in einem Unternehmen	27
Bild 3.9:	Aufgaben der Produktionsplanung und -steuerung	28
Bild 3.10:	Stufenkonzept zur Auftragsbearbeitung	29
Bild 3.11:	Beispielhafte Einzelwerkzeuge innerhalb der Arbeitsplanung	31
Bild 3.12:	Entwicklungsstufen von der NC-Maschine zum flexiblen Fertigungssystem	32
Bild 3.13:	Informationstechnische Integrationsmodelle	34
Bild 3.14:	Kategorien von Produktmodellen und Möglichkeiten der Berücksichtigung qualitätsrelevanter Daten und Informationen	35
Bild 3.15:	Motivation zur Entwicklung eines integrierten Produktmodells	36
Bild 3.16:	Beurteilungsprofil verschiedener Produktmodelle	37
Bild 4.1:	ZVEI - Atlas der innerbetrieblichen Informationsverarbeitung	45
Bild 4.2:	Verfahren zur Verbindung von EDV-Applikationen	48
Bild 4.3:	Integration der Qualitätssicherung über die gemeinsame Datenbasis	49
Bild 4.4:	Aspekte der Modellbildung technischer Systeme	51
Bild 4.5:	Anwendung der HIPO-Methode	55
Bild 4.6:	Anwendung der "Strukturierten Programmierung"	57
Bild 4.7:	Programmablaufpläne nach DIN 66001	58
Bild 4.8:	Modellbildung mittels "Petri-Netzen"	60
Bild 4.9:	"Structured Analysis"	62
Bild 4.10:	Baumstruktur über vier Ebenen	63
Bild 4.11:	Das Netzwerk-Modell nach BACHMANN	64
Bild 4.12:	Beispiel einer Netzwerkstruktur	64
Bild 4.13:	Beispiel einer Relation	65
Bild 4.14:	Relationales Modell nach CODD	67
Bild 4.15:	CODDscher Normalisierungsprozeß	69
Bild 4.16:	Das Entity-Relationship-Modell nach CHEN	70
Bild 4.17:	Übersicht zu Modellierungsverfahren von DV-Applikationen	71
Bild 4.18:	Tätigkeitsprofil des Informatikpersonals	72
Bild 5.1:	Der Begriff des Merkmals in den einzelnen Produktentstehungsphasen.	75
Bild 5.2:	Die Grundstruktur des Qualitätsdatenmodells	76
Bild 5.3:	Erfassung und Gliederung von Kundenwünschen	79
Bild 5.4:	Datenstruktur zur Abbildung der Kundenwünsche	80
Bild 5.5:	Begriffe zur hierarchischen Gliederung einer Produktstruktur nach DIN 40150 am Beispiel eines Flexiblen Fertigungssystems	83
Bild 5.6:	Datenstruktur zur Abbildung der Entwicklungs- und der Konstruktionsergebnisse sowie der Ergebnisse der Arbeitsplanung (Prozeßplanung)	85
Bild 5.7:	Beispiel für die Abbildung von komplexen Zusammenhängen durch das Datenmodell	87
Bild 5.8:	Datenstruktur zur Abbildung der Ergebnisse der Arbeitsplanung (Produktionsmittelbestimmung) und der Prüfplanung	89
Bild 5.9:	Die Gewichtungsfunktion	91

Bild 5.10:	Beispiel für die Anwendung der Gewichtungsfunktion	92
Bild 5.11:	Abschätzen der Fehlerquote und des Fehlerdurchschlupfes	93
Bild 5.12:	Abschätzen des Fehlerdurchschlupfes bei einem Merkmal mit Eingangsprüfung, Bearbeitung und Ausgangsprüfung	94
Bild 5.13:	Beispiel für die Ermittlung der Fehlerquote am Endprodukt	95
Bild 5.14:	Datenstruktur des Produktdatenmodells	98
Bild 5.15:	Alternative Formen der Dokumentation von Prüfergebnissen	99
Bild 5.16:	Abbilden der Standardabweichung für ein Merkmal im Kennfeld	100
Bild 5.17:	Die Relation MERKMAL im Produktdatenmodell	103
Bild 5.18:	Die Relation BEZIEHUNG I im Produktdatenmodell	104
Bild 5.19:	Abbildung des Produktionsdatenmodells mit dem relationalen Modell	105
Bild 5.20:	Das QFD-Formblatt-"The House of Quality"	107
Bild 5.21:	Abbilden der Quality Function Deployment Daten in den Datenstrukturen des Produktdatenmodells	109
Bild 5.22:	Vorgehensweise bei der Entwicklung der Schnittstelle	111
Bild 5.23:	Schematischer Aufbau der Schnittstelle	113
Bild 5.24:	Das Grundmuster eines Qualitätsdatenmodells	114
Bild 6.1:	Integrierte Informationsverarbeitung über eine gemeinsame Datenbank	119
Bild 6.2:	Rechnerhierarchie und Datennetz	120
Bild 6.3:	Der Steuer-Code	121
Bild 6.4:	Beispiel eines Steuer-Codes	122
Bild 6.5:	Einlesen der Auftragsdaten	123
Bild 6.6:	Strukturieren der Auftragsdaten	124
Bild 6.7:	Menümaske zur Auswahl der Hauptfunktionen	125
Bild 6.8:	Bildschirmmaske zur Eingabe eines organisatorischen Merkmalswertes	125
Bild 6.9:	Menümaske zur Auswahl einer organisatorischen Merkmalsbeschreibung	125
Bild 6.10:	Menümaske zur Auswahl der Betriebsmittel-Merkmale	125
Bild 6.11:	Menümaske zur Auswahl eines Ausgangsproduktmerkmals	126
Bild 6.12:	Menümaske zur Auswahl der verschiedenen Merkmalswerte	126
Bild 6.13:	Bildschirmmaske zum Ändern der Definitionsdatenblöcke	126
Bild 6.14:	Menüstruktur des Programms zur Unterstützung von QDES-E	127
Bild 6.15:	Hardwarekonfiguration	128
Bild 6.16:	Definitionsblock des Prüfauftrages	129

8.3 Verzeichnis der Literaturquellen

/ABEL88/	Abel, V.	Datenanalyse mit Box-Plots *QZ - Qualität und Zuverlässigkeit*, 33(1988)4, S. 181-182
/ABEL90/	Abeln, O.	Die CA...-Techniken in der industriellen Praxis: Handbuch der computergestützten Ingenieur-Methoden München, Wien, Carl Hanser Verlag, 1990, 542 Seiten
/AMSP87/	N.N.	Database Management: Gateway to CIM *American Machinist & Automated Manufacturing*, 131(1987)10, S. 81 - 88
/ANDE85/	Anderl, R.	Fertigungsplanung durch die Simulation von Arbeitsgängen auf der Basis von 3D Produktmodellen *Reihe 10 Angewandte Informatik*, 27(1985)
/ANDE89/	Anderl, R.	Integriertes Produktmodell *ZwF - Zeitschrift für wirtschaftliche Fertigung*, 84(1989)11, S. 640-644
/ASC 90/	N.N.	EDI Business Model for Total Quality Management Draft Paper (ASC X12E/89-153), ohne Ort, Eigendruck, 1990
/ASI 87/	N.N.	Quality Function Deployment QFD Implementation Manual, Dearborn, Michigan, American Supplier Institute, 1987
/AWF 85/	N.N.	AWF-Empfehlung - Integrierter EDV-Einsatz in der Produktion - CIM Computer Integrated Manufacturing - Begriffe Definition Funktionszuordnung, 3. Auflage, Berlin, Springer, 1988, 212 Seiten
/AWK 90/	Weck. M; Eversheim. W.; König, W.; Pfeifer, T.	Wettbewerbsfaktor Produktionstechnik Aachener Werkzeugmaschinen Kolloquium '90, Düsseldorf, VDI-Verlag, 1990, 524 Seiten
/BACH69/	Bachman, C.W.	Data Structure Diagrams *Data Base*, 1(1969)1
/BALZ83/	Balzert, H.	Die Entwicklung von Software-Systemen Mannheim, Wien, Zürich, B.I.-Wissenschaftsverlag, 1983, 523 Seiten
/BAMB87/	Bamberg, G.; Baur, F.	Statistik 8. Auflage, München, R. Oldenbourg Verlag, 1987, 329 Seiten
/BAUE88/	Bauert, F.	Entwicklung von Werkzeugen zur Produktmodellierung - Bestandteil eines Systemkonzepts zur rechnergestützten Gestaltung von Konstruktionselementen (GEKO) *Konstruktion*, 40(1988), S. 90-96

/BAZE89/	Bauknecht, K.; Zehnder, C.A.	Grundzüge der Datenverarbeitung: Methoden und Konzepte für die Anwendungen 4. Auflage, Stuttgart, B.G. Teubner, 1989, 286 Seiten
/BECK90/	Beckmann, K.	Qualität als Wirtschaftsfaktor für Europa Tagungsband der DGQ-Qualitätstagung '90, Bonn, 30./31.10.1990, Frankfurt, o. Verlag, 1990
/BEHR84/	Behrendt, V.; Koelle, H.H.; Mackenson, R.; Zangenmeister, C.	Begriffsdefinition für komplexe Systeme mit Berücksichtigung der Zustands- und Zielanalyse Wien, 1984
/BJOE89/	Björk, B.C.	Basic Structure of a Proposed Building Product Model *Computer Aided Design*, 21(3/1989)2, S. 71-78
/BONS89/	Bonse, L.	Systemkonzept für die Integration von Online- und Offline-CAQ-Funktionen über eine gemeinsame Qualitätsdatenbasis Dissertation, RWTH Aachen, (IPT), Aachen, o. Verlag, 1989
/BRON85/	Bronstein, I.; Semendjajew, K.	Taschenbuch der Mathematik Thun und Frankfurt (Main), Verlag Harri Deutsch, 1985, 548 Seiten
/BRUN87/	Brunner, F.J.	Produktzuverlässigkeit als Unternehmensstrategie *QZ - Qualität und Zuverlässigkeit*, 32(1987)2, o. Seite
/BRUN87a/	Brunner, F.J.	Einfluß der Qualität auf die Betriebswirtschaft im Unternehmen *CIM-Management*, 3(1987)2, S. 12-18
/CHEN76/	Chen, P.	The Entity-Relationship Model - Towards a Unified View of Data ACM Transactions on Database Systems, New York, 1976
/CODD70/	Codd, E.F.	A Relational Model for Large Shared Data Banks *Comm. ACM*, 13(1970)6, S. 377 - 387
/CODD79/	Codd, E.F.	Extending the Data Base Relational Model to Capture more Meaning IBM Research Report RJ 2599, 1979
/CUE 87/	N.N.	Qualität trotz Quantität *Computer & Elektronik*, (1987)7, S. 12-16
/DESA89/	Desatnik, R.	Long live the king *Quality Progress*, 22(1989)4, S. 24-26
/DGQ 74/	N.N.	Statistische Auswertung von Meß- und Prüfergebnissen DGQ-Schrift 14, Berlin, Beuth Verlag, 1974
/DGQ 80/	N.N.	Begriffe und Formelzeichen im Bereich der Qualitätssicherung 3. Auflage, Berlin, Beuth Verlag, 1980

/DGQ 89/	Autorenkollektiv	Korrespondenzliste zwischen QS-Elementen nach DIN ISO 9001 und Elementen eines CAQ-Systems nach DGQ-Schrift 14-20 (Beilage zur DGQ-Schrift 14-20) 3. Auflage, Berlin, Beuth Verlag, 1989
/DIJK72/	Dijkstra, E.W.	Structured Programming London, Academic Press, 1972
/DIN 64/	N.N.	DIN 7151 ISO-Grundtoleranzen für Längenmaße Berlin, Beuth Verlag GmbH, 1964
/DIN 79/	N.N.	DIN 40150 Begiffe zur Ordnung von Funktions- und Baueinheiten Berlin, Beuth Verlag GmbH, 1979
/DIN 79a/	N.N.	DIN 40080 Verfahren und Tabellen für Stichprobenprüfung anhand qualitativer Merkmale (Attributprüfung) Berlin, Beuth Verlag GmbH, 1979
/DIN 83/	N.N.	DIN 55350 T23 Begriffe der Qualitätssicherung und Statistik, Begriffe der Statistik, Beschreibende Statistik Berlin, Beuth Verlag GmbH, 1983
/DIN 89/	N.N.	DIN 55350 T11 Begriffe der Qualitätssicherung und Statistik. Grundbegriffe der Qualitätssicherung, Berlin, Beuth Verlag GmbH, 1989
/DISO87/	N.N.	DIN ISO 9000-9004 Qualitätsmanagement und Elemente eines Qualitätssicherungssystems Berlin, Beuth Verlag GmbH, 1987
/DISO88/	N.N.	DIN ISO 3951 Verfahren und Tabellen für Stichprobenprüfung auf den Anteil fehlerhafter Einheiten in % anhand quantitativer Merkmale Berlin, Beuth Verlag GmbH, 1988
/EBBI88/	Ebbighausen, W.	Geschichtliche Entwicklung von EDIFACT EDIFACT - Elektromischer Datenaustausch für Verwaltung, Wirtschaft und Transport, Berlin, Tagungsband, 1988
/EBEL88/	Ebeling, J.	Qualität auf neuen Wegen Firmenschrift der Bayrischen Motorenwerke AG, 1988
/EBEL89/	Ebeling, J.	Methodik der Qualitätssicherung 11. Europäisches Seminars der EOQC-Automotive Section, 24.-26. Oktober 1989
/EBER84/	Eberlein, W.	CAD-Datenbanksysteme Berlin, Heidelberg, New York, London, Paris, Tokyo, Springer, 1984, 289 Seiten
/EVER87/	Eversheim, W.; Auge, J.; Haermeyer, T.	Konzeption eines Informationsmodells für die QS *Industrie-Anzeiger*, 70(1987), S. 39-44

/EVER88/	Eversheim, W.; Diels, A.; Rozenfeld, H.	Datenmodell für eine integrierte Arbeitsplanerstellung *VDI-Z*, 130(1988)3, S. 40-44
/EVER90/	Eversheim, W.	Simultaneous Engineering-eine organisatorische Chance! Düsseldorf, VDI-Verlag, 1990
/FORD87/	N.N.	Continuing Process Control and Process Capability Improvement Ford Firmenschrift, Dearborn, Michigan, Ford Motor Company, 1987, 63 Seiten
/FORD88/	N.N.	Fehler-Möglichkeiten und Einfluß-Analyse Ford Firmenschrift, o. Ort, Ford Motor Company, 1988, 38 Seiten
/FRIC86/	Frickel, J.	Relationale Datenbanksysteme *Automatisierungstechnische Praxis-atp*, 28(1986)4, S. 191-196
/FUEL88/	Füller, H.	Prozeßbeherrschung *QZ - Qualität und Zuverlässigkeit*, 33(1988)4, S. 195-198
/GAUB90/	Gaub, H.	Taguchi Quality Engineering - Diskussionsstand in den USA Tagungsband: Die hohe Schule der Qualität, Berlin, 12.-13. Februar 1990., Berlin, o. Verlag, 1990
/GEIT91/	Geitner, U.W.	CIM - Handbuch 2. Auflage, Braunschweig, Vieweg, 1991, 718 Seiten
/GIKO89/	Gimpel, B.; Köppe, D.	Normung von Schnittstellen für die Qualitätssicherung *CIM-Management*, 5(2/1989)1, S. 24-26
/GIMP90/	Gimpel, B.	Grundlagen und Möglichkeiten der SPC Handbuch zum Seminar 36-42-03: "Qualitätssicherung und Meßtechnik in der integrierten Produktion", 27.-28.11.90, Novotel, Aachen, o. Ort, o. Verlag, 1990
/GOLU88/	Golüke,H.; Steinbach, W.	Qualität und Qualitätssicherung als Verkaufsargument *QZ - Qualität und Zuverlässigkeit*, 33(1988)2, S. 101-104
/GRAB86/	Grabowski, H.; Pätzold, B.; Rude, St.	Entwurfsmethoden auf der Basis technischer Produktmodelle in: Datenverarbeitung in der Konstruktion '86; VDI-Berichte 610.1, Düsseldorf, VDI, 1986
/GRAB89/	Grabowski, H.; Anderl, R.; Schmitt, M.	Das Produktmodell von STEP *VDI-Z*, 131(1989)12, S. 84-96
/GROS87/	Grossmann, U.; Brachtendorf, T.; Hartwich, H.	Das APS "Product Structure and Data Model" NTNF, Eigendruck, 1987
/GROS90/	Groß, M.	Planung der Auftragsabwicklung komplexer, variantenreicher Produkte Dissertation, RWTH Aachen, Aachen, o. Verlag, 1990, 132 Seiten

/HACK85/	Hackstein, R.	Einführung in die technische Ablauforganisation München, Wien, Carl Hanser Verlag, 1985, 349 Seiten
/HAIS89/	Haist, F.; Fromm, Hj.	Qualität im Unternehmen München, Wien, Carl Hanser Verlag, 1989, 217 Seiten
/HELL89/	Hellwig, H.E.; Kunhenn, J.	CAD/PPS-Verbindungen VDI-Z, 131(1989)6, S. 32-39
/HENN86/	Henning, K.	Kybernetische Verfahren der Ingenieurwissenschaften Vorlesungsmanuskript, Aachen, Eigendruck, 1986
/HERI84/	Hering, E.	Software Engineering Braunschweig, Wiesbaden, Vieweg, 1984, 128 Seiten
/HERM88/	Hermes, H.	Syntaxregeln für den elektronischen Datenaustausch EDIFACT - Elektronischer Datenaustausch für Verwaltung, Wirtschaft und Transport, Berlin, Tagungsband, 1988
/HIRS86/	Hirsch-Kreinsen, H.	Technische Entwicklungslinien und ihre Konsequenzen für die Arbeitsgestaltung Rechnerintegrierte Produktion - Zur Entwicklung von Technik und Arbeit in der Metallindustrie, München, Institut für sozialwissenschaftliche Forschung e.V., 1986
/ISO 90/	ISO/TC 176/SC1	ISO 8402-1 Quality Concepts and Terminology; Part One: Generic Terms and Definitions Paris, o. Verlag, 1990
/JACK79/	Jackson, M.A.	Grundsätze des Programmentwurfs 2. Auflage, Darmstadt, S. Toeche-Mittler Verlag, 1979, 289 Seiten
/JAHN88/	Jahn, H.	Erzeugnisqualität, die logische Folge von Arbeitsqualität VDI-Z, 130(1988)4, S. 4-12
/JAKO85/	Jakobsen, U.	Transition between Product Models ICED-85, Hamburg, 1985
/JOHN79/	John, B.	Statistische Verfahren für technische Meßreihen München, Wien, Carl Hanser Verlag, 1979, 563 Seiten
/KAEB90/	Kaebe, J.	EDIFACT-Anwendungen in der chemischen Industrie: EDI-Pilotprojekte im Einkauf der Bayer AG Tagungsband: UN/EDIFACT - Elektronischer Datenaustausch für Verwaltung, Wirtschaft und Transport der Vereinten Nationen; München-Perlach, 15./16. Oktober 1990, Berlin, o. Verlag, 1990
/KANE89/	Kane, V.E.	Defect Prevention (Use of simple statistical tools) New York, Marcel Dekker, INC., 1989, 688 Seiten
/KATZ80/	Katzan, H.	Methodischer Systementwurf Köln, 1980, 201 Seiten

/KCIM87/	N.N.	Normung von Schnittstellen für die rechnerintegrierte Produktion (CIM) DIN-Fachbericht 15, Berlin, Beuth Verlag, 1987, 235 Seiten
/KCIM89/	N.N.	Schnittstellen der rechnerintegrierten Produktion (CIM) - Fertigungssteuerung und Auftragsabwicklung DIN-Fachbericht 21, Berlin, Beuth Verlag, 1989, 264 Seiten
/KCIM89a/	N.N.	Schnittstellen der rechnerintegrierten Produktion (CIM) - CAD und NC-Verfahrenskette DIN-Fachbericht 20, Berlin, Beuth Verlag, 1989, 200 Seiten
/KLAT88/	Klatte, H.; Sondermann, J.P.	Qualitätsplanung von Prozessen QZ - Qualität und Zuverlässigkeit, 33(1988)4, S. 190-194
/KOEP89/	Köppe, D.	Bewertung und Auswahl von CAQ-Systemen CIM-Management, 5(1989)4, S. 35-41
/KOEP90/	Köppe, D.	Forderungen an die Integrationsfähigkeit von CAQ-Systemen CIM - Expertenwissen für die Praxis, München, R. Oldenbourg Verlag GmbH, 1990, 548 Seiten
/KOEP90a/	Köppe, D.	Übersicht und Analyse zu Prüfplanungskomponenten von Qualitäts-Informations-Systemen Handbuch zum Seminar 36-20-12: "Prüfplanung - Grundlage für eine wirkungsvolle Qualitätsprüfung", Aachen, 28.02.-02.03.1990, o. Ort, o. Verlag, 1990
/KOEP90b/	Köppe, D.	Datenbereitstellung für den EDIFACT-Qualitätsdatenaustausch aus Sicht der Qualitätssicherung Tagungsband: UN/EDIFACT - Elektronischer Datenaustausch für Verwaltung, Wirtschaft und Transport der Vereinten Nationen; München-Perlach, 15./16. Oktober 1990, Berlin, o. Verlag, 1990
/KOEP90c/	Köppe, D.	Komponenten kommerzieller CAQ-Systeme Handbuch zum Seminar 36-42-03: "Qualitätssicherung und Meßtechnik in der integrierten Produktion", 27.-28.11.90, Novotel, Aachen, o. Ort, o. Verlag, 1990
/KRAL87/	Krallmann, H.	Qualität für die Sicherung des Unternehmenserfolges CIM-Managment, 3(4/1987)2, S. 5
/KRAL90/	Krallmann, H.	CIM - Expertenwissen für die Praxis München, R. Oldenbourg Verlag GmbH, 1990
/KRAU88/	Krause, F.-L.	Informationstechnische Integrationsmodelle für Konstruktion und Arbeitsplanung ZwF - Zeitschrift für wirtschaftliche Fertigung, 83(1988)10, S. 36-38
/KRAU88a/	Krause, F.-L.; Armbrust, P.; Bienert, M.	Methodbases and Product Models as Basis for Integrated Design and Manufacturing Robotics and Computer Integrated Manufacturing, 4(1988)1/2, S. 33-40

/LIEN87/	Lien, T.; Saeterhang, M.	Das Produktmodell - eine Basis zur Integration ZwF - Zeitschrift für wirtschaftliche Fertigung, 82(1987)5, S. 237-240
/LIND88/	Lindner, R.; Wohak, B.; Zeltwanger, H.	Planen, Entscheiden, Herrschen - Vom Rechnen zur elektronischen Datenverarbeitung Kulturgeschichte der Naturwissenschaften und der Technik, Reinbeck bei Hamburg, Rowohlt Taschenbuch Verlag, 1988, 252 Seiten
/LOCK78/	Lockemann, P.C.; Mayr, H.	Rechnergestützte Informationssysteme Berlin, Heidelberg, New York, London, Paris, Tokyo, Springer, 1987, 368 Seiten
/MAIE88/	Maier, H.	Von CAD über CAD/CAM zu CIM - Technische Realisierung der Verfahrenskette CAD - CAM CIM-Management, 4(6/1988)3, S. 8 - 13
/MARC78/	DeMarco, T.	Structured Analysis and System Specification New York, Yourdon Inc., 1978, 352 Seiten
/MART81/	Martin, J.	Application development without programmer Savant research studies, 2. Auflage, New street, Carnforth, Lancashire, 1981
/MART85/	Martin, J.	Manifest für die Informationstechnologie von morgen Düsseldorf, Wien, Econ Verlag, 1985
/MART87/	Martin, J.	Einführung in die Datenbanktechnik 5. Auflage, München, Wien, Carl Hanser Verlag, 1988, 369 Seiten
/MASI80/	Masing, W.	Qualitätspolitik des Unternehmens Handbuch der Qualitätssicherung, 2. Auflage, München, Wien, Carl Hanser Verlag, 1988, 996 Seiten
/MASI88/	Masing, W.	New Quality Technologies and Methologies Required to Meet the Social and Industrial Needs of the 90s (Report of the Projectgroup 6 of the International Academy for Quality) The best on quality, München, Wien, Carl Hanser Verlag, 1988
/MBAG/	N.N.	Wirtschaftlichkeit der vorbeugenden Qualitätssicherung Firmenschrift der Mercedes-Benz AG
/MECK87/	Mecklenburg, R.	Systemkonzept zur anwenderneutralen Prüfplanerstellung auf einem Kleinrechner Dissertation RWTH Aachen, Aachen, o. Verlag, 1987
/MISK88/	Miska, F.M.	CIM - Computer-Integrierte Fertigung: Konzepte, Planung, Realisierung Landsberg/Lech, Verlag Moderne Industrie, 1988, 288 Seiten
/MMM 88/	N.N.	Verteiltes Datenbankmanagement miniMicro systems, (1988)3, S. 128-131

/NASS73/	Nassi, I.; Shneiderman, B.	Flowchart Techniques for Structured Programming *SIGPLAN NOTICES, ACM*, 8(1973)8
/NEUB87/	Neubauer, F.-F.	Qualitätsmanagement 5. Qualitätsleiterforum, 17./18. März 1987, Gasteig, München, München, gfmt mbH, 1987
/NUER87/	Nürnberg, K.-P.	Rechnergestützte Fehlerdatenerfassung und -auswertung bei der Prüfung von elektronischen Baugruppen *QZ - Qualität und Zuverlässigkeit*, 32(1987)4, S. 189-191
/ORTN83/	Ortner, E.	Aspekte einer Konstruktionssprache für den Datenbankentwurf Darmstadt, 1983,
/PFEI87/	Pfeifer, T.	Integrierte Qualitätssicherung in der Produktion Aachener Werkzeugmaschinen Kolloquium, Düsseldorf, VDI-Verlag, 1987, 582 Seiten
/PFEI87/	Pfeifer, T.; Mecklenburg, R.	Fehlerverhütende Maßnahmen senken Kosten *Industrie-Anzeiger*, 109(1987)70, S. 46-48
/PFEI87b/	Pfeifer, T.; Köppe, D.	Kommerzielle CAQ-Systeme - Eine Übersicht *QZ - Qualität und Zuverlässigkeit*, 32(1987)2, S. 85-89
/PFEI89/	Pfeifer, T.; Gimpel, B.	Unternehmensübergreifend-Elektronischer Austausch von Qualitätsdaten *Industrie-Anzeiger*, 79(1989), S. 33-35
/PFEI89a/	Pfeifer, T.; Köppe, D.	Integration und Kommunikation - QDES - Ein Schnittstellenstandard für die rechnerintegrierte Qualitätssicherung *Industrie-Anzeiger*, 79(1989), S. 36-39
/PFEI90/	Pfeifer, T.; Eversheim, W.	Vorlesung Qualitätssicherung Aachen, Eigendruck, 1990
/PFEI90a/	Pfeifer, T.	Untersuchung zur Qualitätssicherung - Stand und Bewertung, Empfehlung für Maßnahmen Forschungsbericht Kfk-PFT 155, Karlsruhe, Kernforschungszentrum Karlsruhe GmbH, 1990, 178 Seiten
/PFEI90b/	Pfeifer, T.	Qualitätsprüfung im Wandel *tm - Technisches Messen*, 57(1990)2, S. 47-48
/PFEI91/	Pfeifer, T.; Gimpel, B.; Köppe, D.; Lücker, M.	Qualitätsplanung und -lenkung CIM-Handbuch, 2. Auflage, Braunschweig, Vieweg, 1991, 718 Seiten
/RB&P87/	N.N.	Stand und Entwicklungstendenzen im Qualitätswesen im Hinblick auf CAQ Auszug aus einer Gemeinschaftsstudie, o. Ort, o. Verlag, 1987, 40 Seiten

/REIC88/	Reichert, H.O.	Rechnergestützte Qualitätssicherung im Wareneingang *QZ - Qualität und Zuverlässigkeit*, 33(1988)8, S. 439-441
/ROSE83/	Rosenstengel, B.; Winand, U.	Petri-Netze Braunschweig, Wiesbaden, Vieweg, 1983
/ROSS85/	Ross, D.T.	Applications and Extensions of SADT Computer IEEE, 1985
/ROTH86/	Roth, K.	Modellbildung für das methodische Konstruieren ohne und mit Rechnerunterstützung *VDI-Z*, 128(1986)1/2, S. 21-25
/RYAN87/	Ryan, N.	Tapping into Taguchi *Manufacturing Engineering*, 98(1987)5, S. 43-46
/SCHA85/	Schaffer, G.-H.	Integrated QA: Closing the CIM loop *American Machinist & Automated Manufacturing*, 129(1985)4, S. 137-155
/SCHA89/	Schäfer, G.	Datenstrukturen und Datenbanken Braunschweig, Wiesbaden, Friedr. Vieweg & Sohn Verlagsgesellschaft mbH, 1989
/SCHE87/	Scheer, A.-W.	EDV-orientierte Betriebswirtschaftslehre 3. Auflage, Berlin, Heidelberg, New York, London, Paris, Tokyo, Springer Verlag, 1987, 272 Seiten
/SCHE90/	Scheer, A.-W.	Computer integrated manufacturing: CIM - Der computergesteuerte Industriebetrieb, 3. Auflage, Berlin, Heidelberg, New York, London, Paris, Tokio, Springer Verlag, 1990, 283 Seiten
/SCHL83/	Schlageter, G.; Stuky, W.	Datenbanksysteme: Konzepte und Modelle 2. Auflage, Stuttgart, B.G. Teubner, 1983
/SCHM88/	Schmidt, W.; Fendt, F.; Roller, W.	Neue Wege der Qualitätssicherung in der Fahrzeug-Serienmontage *QZ - Qualität und Zuverlässigkeit*, 33(1988)7, S. 354-358
/SCHO88/	Scholz, B.	CIM - Schnittstellen München, R. Oldenbourg , 1988, 207 Seiten
/SCHO89/	Scholz, B.	CIM-Seminar: Grundlagen der rechnerintegrierten Produktion *CIM-Management*, 5(2/1989)1, S. 1-4
/SCHR88/	Schreuder, S.; Upmann, R.	CIM - Wirtschaftlichkeit fir+iaw Leitfaden, Köln, TÜV Rheinland, 1988, 344 Seiten
/SCHU89/	Schulz, H.; Spahn, C.	CIM-Potential und Strategien zur Realisierung *CIM-Management*, 5(2/1989)1, S. 57-61

/SEIL85/	Seiler, W.	Technische Modellierungs- und Kommunikationsverfahren für das Konzipieren und Gestalten auf der Basis der Modellintegration Fortschrittsberichte VDI, Reihe 10, Nr. 49, Düsseldorf, VDI-Verlag, 1985
/SIEC91/	Siech, D.; Franke, E.	Qualitätssicherung, Just in Time mit weltweitem EDIFACT-Standard *QZ - Qualität und Zuverlässigkeit*, 36(1991)3, S. 160-166
/SPUR89/	Spur, G.	Von der rechnerunterstützten Zeichnungserstellung zur rechnerintegrierten Produktentwicklung *ZwF - Zeitschrift für wirtschaftliche Fertigung*, 84(1989)6, S. CA74
/STAC73/	Stachowiak, H.	Allgemeine Modelltheorie Berlin, Heidelberg, New York, London, Paris, Tokyo, Springer, 1973
/SULL86/	Sullivan L.P.	Quality Function Deployment *Quality Progress*, (7/1986), S. 39-50
/SUZU88/	Suzuki, H.; Inui, M.; Kimura; F.	A Product Modelling System for Constructing Intelligent CAD and CAM Systems *Robotics and Computer Integrated Manufacturing*, 4(1988)3/4, S. 483-489
/THOM88/	Thomas, H.	Vier Säulen des elektronischen Geschäftsverkehrs EDIFACT - Elektromischer Datenaustausch für Verwaltung, Wirtschaft und Transport, Berlin, Tagungsband, 1988
/THOM90/	Thomas, H.	EDI Aktivitäten in der Europäischen Gemeinschaft Tagungsband: UN/EDIFACT - Elektronischer Datenaustausch für Verwaltung, Wirtschaft und Transport der Vereinten Nationen; München-Perlach, 15./16. Oktober 1990, Berlin, o. Verlag, 1990
/VDA 86/	N.N.	Qualitätskontrolle in der Automobilindustrie; Sicherung der Qualität vor Serieneinsatz Frankfurt/Main, VDA Verband der Automobilindustrie e.V., 1976, 63 Seiten
/VDA 86a/	N.N.	Sicherung der Qualität von Lieferungen in der Automobilindustrie Frankfurt/Main, VDA Verband der Automobilindustrie e.V., 1975, 43 Seiten
/VDIP89/	N.N.	CIM-Computer Integrated Manufacturing, Stand der CIM-Realisierung in der Bundesrepublik Deutschland VDI-Jahrbuch 1989/90, Düsseldorf, VDI-Verlag, 1989
/VDIR85/	N.N.	VDI-Richtlinie 2222; Methodik zum Entwickeln und Konstruieren technischer Systeme und Produkte Düsseldorf, VDI-Verlag, 1985
/VDIR85a/	N.N.	VDI-Richtlinie 2619; Prüfplanung Düsseldorf, VDI-Verlag, 1985

/VETT88/	Vetter, M.	Strategie der Anwendungssoftware-Entwicklung Leitfäden der angewandten Informatik, Stuttgart, B.G. Teubner Verlag, 1988, 400 Seiten
/VETT89/	Vetter, M.	Aufbau betrieblicher Informationssysteme mittels konzeptioneller Datenmodellierung, Leitfäden der angewandten Informatik, 5. Auflage, Stuttgart, B.G. Teubner Verlag, 1989, 455 Seiten
/WARN84/	Warnecke, H.J.	Der Produktionsbetrieb - Eine Industriebetriebslehre für Ingenieure Berlin, Heidelberg, New York, London, Paris, Tokio, Springer-Verlag, 1984
/WARN89/	Warnecke, H.J.; Melchior, K.; Kring, J.	Qualitätsgerechte Produktgestaltung VDI-Jahrbuch 1989/90, Düsseldorf, VDI-Verlag, 1989
/WARS91/	Warschat, J.; Wasserloos, G.	Simultaneous Engineering - Strategie zur ablauforganisatorischen Straffung des Entwicklungsprozesses *FB/IE*, 40(1991)1, S. 22-27
/WECK88/	Weck, M.	Integrierte Produktionssysteme: Moderne Produktionskonzepte, Bausteine und Systemstrukturen Produktionstechnik im Umbruch: Entwicklung zu integrierten Systemen, Kongreßband I,, Velbert, ONLINE GmbH, 1988
/WEIC85/	Weichand, M.	Integration des Planungs- und Konstruktionsprozesses durch rechnerintegrierte Modellbildung *VDI-Z*, 127(1985)23/24, S. 995-1000
/WEIZ84/	Weizenbaum, J.	Kurs auf den Eisberg Pendo, 1984
/WENG88/	Wenger, U.	Automatisierte Sicherheitsprüfung von Waschvollautomaten *QZ - Qualität und Zuverlässigkeit*, 33(1988)8, S. 411-412
/WILL91/	Willenbacher, K.	Was erwarten die Betriebe von der Zeitwirtschaft? - die Zeit als Wettbewerbsfaktor in den Unternehmen *FB/IE*, 40(1991)1, S. 4-7
/WINT91/	Winterhalder, L.; Dolch, K.	EDV-Unterstützung (CAQ) für Qualitätssicherungssysteme gemäß DIN ISO 9000 bis 9004 *QZ - Qualität und Zuverlässigkeit*, 36(1991)4, S. 229-231
/ZEHN89/	Zehnder, C.A.	Informationssysteme und Datenbanken 5. Auflage, Stuttgart, B.G. Teubner, 1989
/ZVEI85/	Autorenkollektiv	ZVEI - Atlas der innerbetrieblichen Informationsverarbeitung Mindelheim, Verlag W. Sachon, 1985, 388 Seiten

A Anhänge

A-1 Datenfelder und Begriffsfindung zum Produktmodell

Attribute zum Datenmodell "Kundenforderungen"

Merkmalsnummer
  Jedes Merkmal im Produktdatenmodell wird durch eine Merkmalsnummer eindeutig identifiziert. Die Merkmalsnummer setzt sich zusammen aus dem Kürzel der Ebene und der fortlaufenden Nummer des Merkmals auf der jeweiligen Ebene. Zum Beispiel steht die Nummer KW II/3 für das dritte Merkmal auf der Ebene der sekundären Kundenwünsche. Diese Art der Nummerung wurde aus mnemotechnischen Gründen gewählt, es kann jedoch auch jede andere Form der eindeutigen Identifizierung zur Anwendung kommen.

Merkmalsbezeichnung
  In diesem Datenfeld wird das Merkmal genau beschrieben. Dies kann entweder verbal geschehen (z.b. Merkmalstext:"Tür leicht zu schließen"), oder durch Anwendung eines Klassifizierungssystems.

Nennwert,
obere Spezifikationsgrenze,
untere Spezifikationsgrenze,
Einheit
  Meist können einem Merkmal zusätzlich zur verbalen Beschreibung Zielwerte zugeordnet werden (Beispiel Werkzeugmaschine: Festforderung Fertigungstoleranz kleiner 1 µm). Alle numerischen Werte und die zugehörige Einheit, die zur Beschreibung eines Merkmals anzugeben sind, sollen in den oben genannten Datenfeldern dokumentiert werden. Die Werte müssen nicht unbedingt metrisch skaliert sein, es können auch ordinal skalierte Werte (z.b Güteklassen oder ISO-Toleranzen) eingetragen werden. Wird weiterhin zur Beschreibung eines Merkmals z.b. die obere Spezifikationsgrenze nicht' angegeben, so impliziert dies "je höher der Merkmalswert, umso besser". Umgekehrtes gilt für die untere Spezifikationsgrenze.

Zuordnung (des Merkmals)
  Das Datenfeld Zuordnung dokumentiert, welches Objekt das Merkmal beschreibt. Auf der Ebene der Kundenwünsche wird hier in der Regel eine Produktnummer stehen, die das Merkmal als Anforderung an das jeweilige Produkt ausweist.

Verantwortlich
  In diesem Datenfeld wird dokumentiert, wer für die Festlegung des Merkmals verantwortlich zeichnet. Daher wird hier meist eine Personalnummer stehen. Die Kenntnis des Verantwortlichen soll unter anderem zügige Rückfragen ermöglichen.

Betroffen
  Bei komplexen Produkten werden verschiedene Merkmalsgruppen in unterschiedlichen Abteilungen bearbeitet. In diesem Datenfeld soll daher festgehalten werden, welche Abteilung welche Merkmale bearbeitet, um eventuelle Interessenskonflikte z.B. aufgrund von einander gegenläufigen Merkmalen (siehe dazu auch Beziehungsdatensatz: Korrelation) frühzeitig zu erkennen und zu vermeiden.

Reklamationen
  Wie bereits oben erwähnt, können Kundenbeschwerden oder negative Serviceberichte wichtige Hinweise auf Verbesserungspotentiale liefern. Daher soll in diesem Datenfeld die Anzahl der auf das Merkmal bezogenen Reklamationen (beim aktuellen Produkt) dokumentiert werden.

Konkurrenzbewertung
Aus dem Vergleich des eigenen Produktes mit denen der schärfsten Wettbewerber können ebenfalls wichtige Verbesserungspotentiale abgeleitet werden. Im Datenfeld "Konkurrenzbewertung" sollen daher die eigenen und die bei der Konkurrenz erreichten Erfüllungsgrade für das jeweilige Merkmal festgehalten werden.

Beziehungsnummer
Eine Beziehung ist eine Verknüpfung zwischen zwei Merkmalen. Das heißt, eine Beziehung kann durch die Angabe von zwei Merkmalsnummern eindeutig identifiziert werden. Bei der hier gewählten Form der Nummerung identifiziert z.b. die Beziehungsnummer KW II/3 ; KW III/2 die Beziehung zwischen dem dritten Merkmal auf der Ebene der sekundären Kundenwünsche und dem zweiten Merkmal auf der Ebene der tertiären Kundenwünsche.

Korrelation
Dieses Datenfeld beschreibt die Abhängigkeit zwischen zwei Merkmalen. Bei *Merkmalen auf verschiedenen Hierarchiestufen* detailliert die jeweils untere Ebene die darüberliegende. Bei metrisch und ordinal skalierten Merkmalswerten ist es notwendig, die Korrelation festzuhalten. Als Kennzeichen für eine positive Korrelation wurde hier das + Zeichen und für eine negative Korrelation das - Zeichen gewählt. Die Gewichtung der Korrelation zwischen Merkmalen auf verschiedenen Hierarchiestufen wird im Datenfeld "Gewichtung" vorgenommen.

Bei *Merkmalen auf der gleichen Hierarchiestufe* ist eine Korrelation meist nicht beabsichtigt. Im ungünstigen Fall konkurrieren Merkmale miteinander. Das heißt, versucht man den Erfüllungsgrad eines Merkmals zu verbessern, so verschlechtern sich damit automatisch ein oder mehrere andere Merkmale. Im positiven Fall zieht die Verbesserung eines Merkmals die Steigerung des Erfüllungsgrades anderer Merkmale mit sich (komplementäre Beziehung). Es wird deutlich, die Korrelationen zwischen Merkmalen müssen frühzeitig erkannt und für die nachfolgenden Phasen dokumentiert werden. Die Kennzeichen für die Korrelation von Merkmalen auf einer Ebene wurden hier aus der Menge [-3,-2,-1,0,1,2,3] gewählt. Die -3 steht dabei z.B. für eine starke negative, die 0 für keine und die 3 für eine starke positive Korrelation.

Gewichtung
Nicht alle Merkmale sind gleich wichtig. In diesem Datenfeld soll daher die unterschiedliche Bedeutung von Merkmalen dokumentiert werden. Ein Merkmal auf einer höheren Ebene wird durch mehrere Merkmale auf einer niedrigeren Ebene detailliert. Der Gewichtungsfaktor gibt nun die Bedeutung des Merkmals auf der niederen Ebene für die Erfüllung des Merkmals auf der höheren Ebene an. Um eine prozentuale Gewichtung der Merkmale zu erreichen, werden als Gewichtungsfaktoren reelle positive Zahlen zwischen 0 und 1 (oder 0 und 100) vorgeschlagen.

Zusätzliches Attribut zum Datenmodell "Prozeßplanung"

Technische Schwierigkeit
Im Datenfeld "technische Schwierigkeit" wird der Planer festhalten, wie schwierig er die Realisierung des von ihm festgelegten Merkmals einschätzt. Stellt sich dann zum Beispiel bei der Planung des Prozesses heraus, daß ein Merkmal deutlich schwieriger zu realisieren ist als ursprünglich vom Konstrukteur angenommem, so wird der Prozeßplaner beim Konstrukteur Rücksprache halten, um einen eventuell unnötigen Aufwand zu vermeiden.

> Zusätzliches Attribut zum Datenmodell "Ablauf- und Produktionsmittelplanung"

Erzeuger
Das Datenfeld beschreibt die Art und Weise der Erzeugung des jeweiligen Merkmals. Es bildet unter anderem die Daten des konventionellen Arbeitsplans ab. Bei einem Merkmal, z.B. auf der Elementebene einem Durchmesser, werden hier die Daten des Arbeitsvorgangs -notwendige Produktionsmittel (Maschine, Werkzeug, Vorrichtungen), ausführender Mitarbeiter, Ausführungszeit und anfallende Kosten- dokumentiert. Einem Merkmal sollte dabei genau ein Arbeitsvorgang zugeordnet sein. Bei Merkmalen, die in mehreren Arbeitsvorgängen realisiert werden, ist eine hierarchische Detaillierung durzuführen (Z.B. von der Elementebene auf die Prozeßebene).

Wird ein Merkmal (Element-, Baugruppenebene oder höher) bei einem Zulieferer (Zulieferer im Sinne von Hersteller) erzeugt, so stehen im Datenfeld Erzeuger die Kennung des Lieferanten und die Kosten für das Zulieferteil.

Ein Merkmal auf der Prozeßebene, wie z.B. die Schnittgeschwindigkeit, wird von einer Werkzeugmaschine realisiert. Im Feld Erzeugung kann die Nummer der Werkzeugmaschine festgehalten werden. Auf der nächst niedrigeren, einer maschineninternen Ebene kann es zur Unterstützung der schnellen (Maschinen-) Fehlerdiagnose sinnvoll sein, festzuhalten, welche Bauteile der Maschine für die Realisierung des Prozeßparameters Schnittgeschwindigkeit verantwortlich sind. Auf dieser Ebene steht im Feld Erzeugung z.B. der Elektromotor, der Drehzahlregler oder ein SPS-Port.

Fehlerwahrscheinlichkeit
Wahrscheinlichkeit des Auftretens von Fehlern bei der Erzeugung (Ausprägung) eines Merkmals. Nach DIN ISO 8402 /ISO 90/ soll ein Fehler hier als die Nichterfüllung eines geforderten Merkmals aufgefaßt werden. Die verbale Beschreibung des Fehlers kann daher direkt aus der Negation der Merkmalsbezeichnung abgeleitet werden. Während bei qualitativen Merkmalen nur eine Fehlermöglichkeit besteht -Merkmal erfüllt/nicht erfüllt-, können bei quantitativen Merkmalen zwei Fehlerarten auftreten. Der erreichte Merkmalswert kann sowohl oberhalb der oberen Spezifikationsgrenze (OSG) als auch unterhalb der unteren Spezifikationsgrenze (USG) liegen. Daher soll für quantitative Merkmale zum einen die Wahrscheinlichkeit des Überschreitens und zum anderen die Wahrscheinlichkeit des Unterschreitens der Zielwerte dokumentiert werden.

Prüfmaßnahme (Eingangsprüfung)
Prüfmaßnahme (Ausgangsprüfung)
Das Datenfeld Prüfmaßnahme bildet unter anderem den Dateninhalt des konventionellen Prüfplans ab. Nach VDI-Richtlinie 2619 /VDIR85a/ sind dazu die Datenelemente Prüfhäufigkeit, Prüfumfang, Prüfmittel, Zeitpunkt der Prüfung, Prüfer, Ort der Prüfung, Prüfanweisung und die Art der Prüfdatenverarbeitung zu berücksichtigen. Darüberhinaus können hier die Kosten und die Ausführungszeit der Prüfmaßnahme festgehalten werden. Je nach Zeitpunkt der Prüfung wird zwischen Ausgangs- und Eingangsprüfung unterschieden. Die Ausgangsprüfung findet unmittelbar nach Erzeugung des Merkmals statt und wird daher in den Merkmalsdatensatz aufgenommen. Bei der Eingangsprüfung wird das Merkmal erst zu Beginn des nächsten Bearbeitungsschritts (auf der nächst höheren Ebene) geprüft. Die Prüfmaßnahme wird deshalb als Teil des Beziehungsdatensatzes dokumentiert.

Entdeckungswahrscheinlichkeit
In diesem Datenfeld wird die Wahrscheinlichkeit, eine Nichterfüllung des betreffenden Merkmals zu entdecken, festgehalten. Die Entdeckungswahrscheinlichkeit ist abhängig von der gewählten Prüfmaßnahme. Bei quantitativen Merkmalen treten prinzipiell zwei Fehlerarten auf. Der Wert des quantitativen Merkmals kann sowohl oberhalb der oberen Spezifikationsgrenze (OSG) als auch unterhalb der unteren Spezifikationsgrenze (USG) liegen. Für beide Fälle soll die Entdeckungswahrscheinlichkeit dokumentiert werden.

A-2 Datenfelder und Begriffsfindung zum Produktionsdatenmodell

Attribute des Merkmalsdatensatzes

Merkmalsnummer
Jedes Merkmal im Produktionsdatenmodell wird durch eine Merkmalsnummer eindeutig identifiziert. Die Nummer eines Merkmals im Produktionsdatenmodell darf nicht identisch sein mit der Nummer des Merkmals im Produktdatenmodell, da das betreffende Merkmal sowohl in verschiedenen Produkten als auch mehrmals in einem Produkt vorkommen kann. Eine Verbindung des Produktionsdatenmodells mit dem Produktdatenmodell soll vielmehr über die Merkmalsbezeichnung, den zugehörigen Wert und den Erzeuger (im Produktdatenmodell) erfolgen.

Merkmalsbezeichnung
In diesem Datenfeld wird das Merkmal verbal oder durch einen Schlüssel klassifiziert. (z.B. Durchmesser, Schnittgeschwindigkeit, Drehmoment).

Nennmaßbereich
Werteintervall, innerhalb dessen Grenzen das Merkmal realisiert werden kann.

Erzeugerfeld
Im Produktionsdatenmodell wird mit dem Attribut "Erzeugerfeld" auf alle Möglichkeiten -oder zumindest die erprobten Möglichkeiten- zur Erzeugung des Merkmals im Unternehmen verwiesen.

Fehlerkennfeld
Verweis auf eine Tabelle, die zu einem Merkmal, einem Wertebereich und einer Fertigungseinrichtung in Vebindung mit einem erprobten oder vorab ermittelten Prozeßprofil Aussagen zur Realisierungssicherheit beinhaltet.

Prüfmaßnahmenfeld (Eingangsprüfung)
Prüfmaßnahmenfeld (Ausgangsprüfung)
Für die Unterscheidung zwischen Eingangs- und Ausgangsprüfung gelten die für das Produktdatenmodell getroffenen Aussagen. Mit dem Attribut "Prüfmaßnahmenfeld" werden alle Möglichkeiten -oder zumindest die erprobten Möglichkeiten- zur Prüfung der Merkmalsspezifikationen in den jeweiligen Nennmaßbereichen dokumentiert. Wird zum Beispiel dem Merkmal "Durchmesser" im Produktdatenmodell das konkrete Prüfmittel Schieblehre zugewiesen, so enthält das Attribut "Prüfmaßnahmenfeld" eine Aufzählung aller Prüfmittel, die zur Überwachung des Durchmessers in Frage kommen. Bei der Aufstellung des Produktdatenmodells wählt der Planer eine Prüfmaßnahme aus der Liste aus.

Entdeckungswahrscheinlichkeitskennfeld
Verweis auf das Kennfeld der Entdeckungswahrscheinlichkeit. Dieses Kennfeld ordnet allen Prüfmaßnahmen, die für das Merkmal in Frage kommen, in Abhängigkeit vom Nennmaß und der Toleranzfeldbreite die Wahrscheinlichkeit zu, mit der ein fehlerhaftes Merkmal entdeckt wird.

Attribute des Beziehungsdatensatzes

Beziehungsnummer
Wie im Produktdatenmodell identifiziert die Beziehungsnummer die Beziehung zwischen zwei Merkmalen.

Korrelation
Im Datenfeld "Korrelation" werden die einmal erkannten Korrelationen sowohl zwischen Merkmalen auf einer Ebene als auch zwischen Merkmalen auf verschiedenen Ebenen festgehalten.

Gültigkeitsbereich
Verweis auf die und Eingrenzung der untergeordneten Merkmale bezüglich der Nennmaßintervalle.

Entdeckungswahrscheinlichkeitskennfeld
Das Kennfeld der Entdeckungswahrscheinlichkeiten wird auch hier durch das Prüfmaßnahmenfeld (Eingangsprüfung) bestimmt. Die Elemente des Datenfeldes sind identisch mit denen des Merkmalsdatensatzes im Produktionsdatenmodell.

A-3 Definitionen nach DIN 40150

Betrachtungseinheiten und Betrachtungsebenen nach DIN 40150 /DIN 79/

Betrachtungseinheiten

Funktionseinheit
Betrachtungseinheit, deren Abgrenzung nach Aufgabe oder Wirkung erfolgt.

Baueinheit
Betrachtungseinheit, deren Abgrenzung nach Aufbau oder Zusammensetzung erfolgt.

Betrachtungsebenen

Element
In Abhängigkeit von der Betrachtung die als unteilbar aufgefaßte Einheit der untersten Betrachtungsebene.

Gruppe
Zusammenfassung von Elementen in einer höheren Betrachtungsebene zu einer noch nicht selbständig verwendbaren Betrachtungseinheit.

Einrichtung
Zusammenfassung von Elementen und/oder Gruppen in einer nächsthöheren Betrachtungsebene zu einer selbständig verwendbaren Betrachtungseinheit

System
Gesamtheit der zur selbständigen Erfüllung eines Aufgabenkomplexes erforderlichen technischen und/oder anderen Mitteln der obersten Betrachtungsebene.

A-4 Datenblöcke und Qualifier zur Erfassungs-Schnittstelle

Organisation 1

Identnummer Qualifier Firma Werk Werksbereich Telefon Telefax Teletext Postfach Land/Plz/Stadt Straße/Hausnummer	Dieser Datenblock dient der Identifizierung und Beschreibung von "Objekten", die außerhalb des Unternehmens existieren und Einfluß auf die Erzeugung oder Erfassung der Erzeugnisqualität nehmen. Es handelt sich hauptsächlich um andere Unternehmen, zu denen Geschäftsbeziehungen bestehen.

Referenz über Qualifier zu:

Kunde Lieferer Hersteller Spediteur Absender Empfänger Abnahmegesellschaft	Abnehmer Besteller Betrieb Lieferer Verbraucher Werk Werkstatt

Organisation 2

Dokumentations-Nr. Qualifier Änderungsstand Änderungsdatum Positions-Nr. Positionsbeschreibung	Dieser Datenblock dient der Identifizierung und Beschreibung von Dokumenten, die qualitätsrelevante Angaben zum Betrachtungsgegenstand beinhalten (z.B. Arbeitspläne, Zeichnungen oder Prüfpläne).

Referenz über Qualifier zu:

Arbeitsplan Prüfplan Prüf-Auftrag Wartungsplan Bestelldokument Lieferschein Wareneingangsdokument Prüfberichtsdokument (Kunde) Prüfberichtsdokument (Lieferer) Änderungsantrag Abnahmeprotokoll	Abweichungs-Genehmigung Erstmusterbericht Prüfprotokoll Spezialmusterbericht Stichprobenplan Stoffrückschein Warenannahme (-dokument) Rücksendedokument Kontrollmusterbericht Spezifikationsdokument

Personal	
Personalnr. Qualifier Name Abteilung Postzeichen Telefon Qualifikation Kostenstelle Funktion/Verantwortung	Dieser Datenblock dient der Identifizierung und Beschreibung der Personen, die mittelbar oder unmittelbar Einfluß auf die Beschreibung oder Ausprägung der realisierten Qualität haben.

Referenz über Qualifier zu:	
Werker Prüfer Untersucher Verantwortlicher (Kunde) Verantwortlicher (Lieferer) Disponent Ansprechpartner (Kunde) Ansprechpartner (Lieferer) Absender Anforderer Ansprechpartner beim Lieferanten Auditor Aussteller Auswerter	Bearbeiter Bewerter Einkäufer Empfänger Ersteller Kenntnisnahme Entwickler Prüfer Sachbearbeiter Untersucher Veranlasser Verantwortlicher Konstrukteur Kontrollmeister Revision

Betriebsmittel

BM-Ident-Nr. Qualifier BM-Bezeichnung BM-Typ BM-Hersteller Freigabe-Status Ort/Kostenstelle Nutzungsgrad	Dieser Datenblock dient der Identifizierung und Beschreibung von Betriebsmitteln, die der Realisierung oder Feststellung der geforderten Qualität dienen.

Referenz über Qualifier zu:

Maschinen Vorrichtungen Werkzeuge Programme Hilfsstoffe Transportmittel	Fertigungseinrichtung Meßeinrichtung Meßmittel Prüfstand Werkzeug Prüfmittel

Methoden / Verfahren

Verfahrens-Nr Qualifier Verfahrens- Klasse Verfahrens-Bezeichnung Beschreibung	Dieser Datenblock dient der Identifizierung und Beschreibung von immateriellen "Objekten", die der Realisierung oder Feststellung der geforderten Qualität dienen oder selber Teil davon sind.

Referenz über Qualifier zu:

Prüfverfahren Fertigungsverfahren Richtlinien Normen Liefervorschriften QS-Verfahren Angaben zur Durchführung Auditart Bearbeitungsanleitung Bearbeitungsvorschrift Behandlung des WS DIN-Normen Durchlauf Daten und Normen Funktionsprüfung Probelaufbedingungen Prozeß-FMEA	Prüfanweisung Prüfhinweise Prüfvorschriften Regelkartentyp Variablen-Prüfung Verfahren Verfahrensanweisung Vorschriften Wärmebehandlungsvorschrift Werksnormen Werkstoffprüfung Maschinenfähigkeitsuntersuchung Konstruktions-FMEA Prüfmethode

Anhänge

Eingangsprodukte	
Material-Nr. Qualifier Werkstoff-Nr. Chargen-Nr.	Dieser Datenblock dient der Identifizierung und Beschreibung des Eigangsmaterials

Referenz über Qualifier zu:	
Werkstoff Material	Teil Gegenstand

Ausgangsprodukte	
Material-Nr. Qualifier Sach-Nr. Zeichnungs-Nr. Änderungsstand Änderungsdatum Bezeichnung	Dieser Datenblock dient der Identifizierung und Beschreibung des Zwischen- oder Fertig-Erzeugnisses (Produkt)

Referenz über Qualifier zu:	
Werkstoff Material Teil Gegenstand	Erzeugnis Produkt Artikel Baugruppe

Merkmal	
Merkmal-Nr. Qualifier Merkmalsklasse Merkmalsbezeichnung	Dieser Datenblock dient der Identifizierung und Beschreibung aller qualitätsbestimmender Eigenschaften. Er erscheint immer in Verbindung mit anderen Objekten.

Referenz über Qualifier zu:	

Produktmerkmal
Prozeßparameter
Maschineneinstellung
Testgrößen
Umgebungsbedingungen
OEG
UEG
Prüfhäufigkeit
Allgemein
  Brennbarkeit
  Dehngeschwindigkeit
  Gewicht
  Grenzhärte
  Grenzmaß
  Meßlänge
  Meßposition (Vorgabe)
  Messungen, gewünschte
  Oberfläche
  Prüftemperatur
  Qualitätsgruppe
  Testparameter
  Bearbeitungsbilder
  Mustergewicht
  Mustergröße
  Prüfmerkmal
	Betriebmittel
	Arbeitsgang-Parameter
	Herstellbarkeit
	Laststufe
	Lehrenfähigkeit
	Lehrenmaß
	Maschinenfähigkeitsuntersuchung
	Menge

Anhänge

Disposition 　Abweichungsmenge 　Anlieferungsart 　Anlieferzustand 　Anzahl (Ausfall) 　Anzahl (Bestand) 　Anzahl (Gut-Stücke) 　Anzahl (Lose Teile) 　Anzahl (Schrott) 　Anzahl (freigegeben) 　Anzahl (gesperrt) 　Anzahl (nachzuliefernde Teile) 　Anzahl Gut-Lose 　Anzahl Transporteinheiten 　Anzahl Umkarton 　Anzahl Verpackungseinheiten 　Anzahl Wareneingänge 　Anzahl Wareneingänge mit Beanstandung 　Anzahl Wareneingänge ohne Beanstandung 　Anzahl fehlerhafter Teile 　Anzahl im Einsatz 　Auftragsmenge 　Ausschußmenge 　Beanstandungshäufigkeit 　Bestellmenge 　Eingangsmenge 　Entnahmemenge 　Gesamtmenge 　Lieferschein-Menge 　Losgröße 　Menge 　Menge pro Fehlerstufe 　Nettomenge 　Neuteil (J/N) 　Packeinheit 　Packgruppe 　Packungseinheit 　Rücksendemenge 　Selbstbestätigender Lieferant 　Verpackungsart 　Versand-Art 　Versandart 　nachzuliefernde Teile 　Verpackung 　Lieferdatum 　Liefertermin 　Rücklieferdatum 　Schachtelgröße 　Wareneingangsdatum	Auftragsmerkmale 　Abgabedatum 　Arbeitsgang-Parameter 　Dokumentationspflicht? (J/N) 　Eingangsmenge 　Entnahmemenge 　Gesamtmenge 　Lagerzugangsmenge 　Lieferart 　Liefermenge 　Lieferschein-Menge 　Losgröße 　Menge 　Menge (nachzuarbeiten) 　Menge pro Fehlerstufe 　Menge, bereits geliefert 　Menge, brauchbar 　Menge, fehlerhaft 　Menge, geliefert 　Menge, ursprüngliche 　Menge, zu bezahlen 　Menge, zurückgewiesen 　Muster-Gewicht 　Musteranz. 　Musterfarbe 　Probabmessung 　Probenzahl 　Prüfdatum 　Prüffrequenz 　Prüfhäufigkeit 　Prüfintervall 　Prüfschärfe 　Prüfumfang 　Prüfungsart 　Prüfungsart (SPC/SQÜ) 　Prüfzeit 　Qualitätsprädikate 　Referenzmuster 　Rücksendemenge 　Stichprobengröße 　Stichprobengröße (zerstörende Prüfung) 　Stichprobenumfang 　Stückzahl 　Stückzahl/Zeit 　Zeitaufwand, zulässiger 　größte zu entnehmende Stichprobe 　letzter Bearbeitungsschritt 　weitergeleitete Mengen 　Teil-Bearbeitungsstand (Roh,Halbftg,Ftg) 　Versand-Datum 　Muster-Anzahl 　Prüfdauer

Werte

Wert-Schlüssel
Qualifier

Wert-Beschreibung
Wert-Einheit
Wert-Inhalt

Dieser Datenblock dient der Identifizierung und Beschreibung von Werten, die einem Merkmal zugeordnet sind.

Referenz über Qualifier zu:

Sollwert
Nennwert
Externer Referenzwert
OGW
UGW
Toleranz
Ist-Wert
Statistik (z.B. Mittelwert)
Kennzahlen
Relationen
AQL
Abmaße
Abmessung
Abweichung (max)
Abweichung (min)
Abweichung, zulässige
Analyse der Meßergebnisse
Analysen-Istwerte (chem.)
Analysen-Sollwertebereich (chem.)
Bezugswert
C_{gm}, C_{gmk}
Eingangsstückzahl
Ergebnis-Prädikat
Ergebnisse
Fehler(%)
Fehleranteil
Fehleranzahl
Fehlerhäufigkeit
Festigkeitskennwerte (Ist-Werte)
Härtungsverhalten-Istwerte
Härtungsverhalten-Sollwerte
Ist-Abweichung
Ist-Maße
Ist-Wert-Diagramme
Ist-Werte
Ist-Werte (Abnehmer)
Ist-Werte (Lieferer)
Istdaten/Probestück
Istdaten/Werkzeug
Istwerte (physikalisch)
Lieferer-Prüfergebnis

Maß
Medianwert
Meßwerte
Mittelwert
Mittenwert C
Nennwerte
OGW
Prozeßfähigkeitspotential
Qualitätsbewertungszahl
Qualitätszahl
Qualitätszahl (Trend)
Qualitätszahl (alt)
Qualitätszahl (neu)
Qualitätsziffer
Soll- Angaben
Solldaten/Probestück
Solldaten/Werkzeug
Sollmaße
Sollwert
Sollwerte (physikalisch)
Spannungszunahmegeschwindigkeit
Spannweite R
Standardabweichung
Technische Daten (Prüfling)
Testgröße
Toleranz
UEG
Überschreitung (%)
UGW
Umrechnungsfaktor
Unterschreitung(%)
Zeit, benötigte
RPN
OEG
Index
Nennmaß
P_p
P_{pk}
C_p
C_{pk}

Beschreibungen	
Ereignisschlüssel Qualifier Ereignisbeschreibung Ereignisart Ereignisort	Dieser Datenblock dient der Identifizierung und Beschreibung von Phänomenen und Vorgängen, die einem Merkmal oder Objekt zugeordnet werden können.

Referenz über Qualifier zu:	

Allgemein
  Beanstandung
  Befund
  Bemerkung
  Bemerkung (Abnehmer)
  Bemerkung (Lieferer)
  Bemerkungen
  Beschreibung
  Beschreibung der Abweichung
  Fehler, potentieller
  Fehlerbeschreibung
  Fehlerfolgen, potentielle
  Istzustand
  Mängel
  Prüfungsergebnis
  Sollzustand
  Stellungnahme
  beobachtete Mängel
  mögliche Folgen des Fehlers
  Versuchszweck
Entscheide
  Ablehnung
  Beurteilung
  Entscheidung
  Freigabe
  Freigabe mit Auflage
  Freigabeentscheid
  MFU(Wert)-Entscheidung
  Prüfentscheid
  Prüfergebnis (Kunde)
  Prüfergebnis (Lieferer)
  Prüfergebnis (n.i.o.)
  Soll/Ist-Entscheidung
  Verwendungsentscheid
Maßnahmen
  Änderung der Prüfhäufigkeit
  Änderung des Prüfumfangs
  Änderungsvorschlag
	Abhilfe
	  Abstellmaßnahme
	  Abstellmaßnahmen, empfohlene
	  Arbeiten, durchgeführte
	  Art der Fehlerbehebung
	  Auflagen
	  Fehlerbehebung
	  Kunden anschreiben
	  Maßnahmen
	  Reparatur
	  Schlußfolgerung
	  durchgeführte Abstellmaßnahme
	  Einschränkungen
	  Kontrollmaßnahmen
	  Vorschläge
	  Wiederverwendungsvorschlag
	Ursache
	  Arbeitsgang, verursachender
	  Arbeitsmängel
	  Arbeitsplanmängel
	  Ausschußgrund
	  Beanstandungsgrund
	  Begründung
	  Diagnose
	  Fehlerentdeckung (Ort)
	  Fehlerort
	  Fehlerschwerpunkt
	  Fehlerursache
	  Fehlerursache, potentielle
	  Grund d. Erstmusterprüfung
	  Neue Lehren für neue Teile bzw.
	  geändert
	  Rückweisungsgrund
	  Sperr-Grund
	  Ursachen
	  Zeichnungsmängel
	  mögliche Ursache des Fehlers
	  möglicher Fehler
	  Prüfmittelmängel

DAS TECHNISCHE WISSEN DER GEGENWART.

VDI-Lexikon Werkstofftechnik
Hrsg. Hubert Gräfen
1991. 1187 S., 997 Abb., 188 Tab.
24 x 16,8 cm. Ln.
Subskriptionspreis bis zum 31.12.1991
DM 248,-, danach DM 278,-
ISBN 3-18-400893-2

VDI-Lexikon Bauingenieurwesen
Hrsg. Hans-Gustav Olshausen und
VDI-Gesellschaft Bautechnik.
1991. VIII, 649 S., 800 Abb., 100 Tab.
24 x 16,8 cm. Ln. DM 168,-
ISBN 3-18-400897-5

Lexikon Elektronik und Mikroelektronik
Hrsg. VALVO/Hans Weinerth/Dieter Sautter
1990. XII, 922 S., 1158 Abb., 106 Tab.
24 x 16,8 cm. Ln. DM 128,-
ISBN 3-18-400896-7

Lexikon Informatik und Kommunikationstechnik
Hrsg. Fritz Krückeberg/Otto Spaniol
1991. XII, 693 S., 454 Abb., 35 Tab.
24 x 16,8 cm. Gb. DM 168,-
ISBN 3-18-400894-0

In Vorbereitung:
● **VDI-Lexikon Meß- und Automatisierungstechnik**
● **VDI-Lexikon Energietechnik**
● **Lexikon Maschinenbau Produktion Verfahrenstechnik**
● **Lexikon Umwelttechnik**

VDI VERLAG

Jeder Band erschließt mit einigen tausend Stichwörtern und Stichwortartikeln die gesamte Bandbreite des jeweiligen Wissenschaftsbereiches, einschließlich der Grundwissenschaften und tangierender Gebiete.

Das Gerüst der Lexika und die Festlegung der zu erläuternden Begriffe sind das Ergebnis jahrelanger Zusammenarbeit von Herausgeber, Autoren und Redaktion, mit Unterstützung einer eigenen Datenbank. Nur so konnten ständig neue Begriffe berücksichtigt werden, mit dem Ziel, dem Leser aktuelle und zuverlässige Fachkenntnisse zu vermitteln.

Ausführliche Informationen über die weiteren Fachlexika erhalten Sie über Frau Kerstin Köhler, Telefon (02 11) 61 88-125 – oder: Schicken Sie uns den Coupon.

COUPON

Bitte einsenden an:
VDI VERLAG, Postfach 10 10 54, Vertriebsleitung,
4000 Düsseldorf 1, Telefon (02 11) 61 88-0,
Fax (02 11) 61 88-1 33, oder an Ihre Buchhandlung.

Ja, ich bestelle
____ Expl. VDI-Lexikon Werkstofftechnik
ISBN 3-18-400893-2
____ Expl. VDI-Lexikon Bauingenieurwesen
ISBN 3-18-400897-5
____ Expl. Informatik und Kommunikationstechnik
ISBN 3-18-400894-0
____ Expl. Lexikon Elektronik und Mikroelektronik
ISBN 3-18-400896-7
Die Preise verstehen sich inkl. MwSt. zzgl. Versandkosten.

Ja, ich interessiere mich für die Fachlexika.
Bitte informieren Sie mich über das
☐ VDI-Lexikon Bauingenieurwesen
☐ VDI-Lexikon Energietechnik
☐ VDI-Lexikon Werkstofftechnik
☐ VDI-Lexikon Umwelttechnik
☐ VDI-Lexikon Meß- und Automatisierungstechnik
☐ Lexikon Maschinenbau – Produktion – Verfahrenstechnik
☐ Lexikon Informatik und Kommunikationstechnik
☐ Lexikon Elektronik und Mikroelektronik

Name/Vorname

Straße/Nr.

PLZ/Ort

Datum/Unterschrift

VDI-Mitglieds-Nr.

Printed in Poland
by Amazon Fulfillment
Poland Sp. z o.o., Wrocław